页岩气井套变机理及综合防控技术

王向阳　乔　磊　黄生松　王开龙　等编著

U0209459

石油工业出版社

内 容 提 要

本书介绍了页岩气井套变特征、套变规律，分析了页岩气井套变工程、地质方面的影响因素，阐述了多因素耦合套变机理模型、弱面滑移模型、压裂套变物理模型、压裂套变的有限元计算模型，并详细介绍了压裂套变风险点预测、超声波套变检测工具、套变位移补偿工具等。

本书可供钻完井、水力压裂相关专业决策人员、管理人员、技术人员阅读，也可供石油院校相关专业师生参考使用。

图书在版编目（CIP）数据

页岩气井套变机理及综合防控技术 / 王向阳等编著 .
—北京：石油工业出版社，2022.9
ISBN 978-7-5183-5396-5

Ⅰ . ① 页… Ⅱ . ① 王… Ⅲ . ① 油页岩－油气井－油层
套管－套管损坏－研究 Ⅳ . ① TE37

中国版本图书馆 CIP 数据核字（2022）第 092197 号

出版发行：石油工业出版社
　　　　　（北京安定门外安华里 2 区 1 号　　100011）
　　　　　网　　址：www.petropub.com
　　　　　编辑部：（010）64523537　　图书营销中心：（010）64523633
经　　销：全国新华书店
印　　刷：北京中石油彩色印刷有限责任公司

2022 年 9 月第 1 版　　2022 年 9 月第 1 次印刷
787×1092 毫米　开本：1/16　印张：7.75
字数：180 千字

定价：65.00 元

前言 /PREFACE

川渝页岩气投入开发以来，大量的页岩气井在压裂过程中出现了不同程度的套管变形，导致压裂过程中不能顺利下入桥塞以及连续油管不能顺利钻磨桥塞等情况。套变问题严重影响了后续作业，甚至部分水平井段被迫放弃压裂作业。压裂过程中生产套管损坏问题始终困扰着我国页岩气的高效开发，亟须揭示压裂套变机理，形成一体化的预测、检测及控制理论方法。

本书通过对川渝页岩气区块套变井统计和分析，明确了影响套变的工程地质因素，建立了多因素耦合套变计算模型和地层弱面滑移的解析模型，定量描述了地层的滑移量，厘清了套管变形的原因。形成了含弱面大型岩样体积压裂套变物理模拟实验方法，进行了大型岩样压裂套变实验研究，揭示了压裂套变机理。开发了压裂套变模拟软件，有效预测了压裂过程中井下套管变形风险位置，探索了页岩气井套变一体化检测、控制方法，利用研制的套变超声检测和位移补偿控制工具，建立了控制套变的针对性措施。

本书是页岩气钻完井和水力压裂专家、技术人员和现场施工人员多年辛勤工作的结晶，在编写过程中得到了长城钻探、西南油气田公司、浙江油田公司、东北石油大学等相关单位专家和教授的指导和帮助，在此表示衷心的感谢。由于作者的水平有限，书中难免存在不足或错漏之处，敬请读者批评指正。

目录 /CONTENTS

1 绪　　论

随着页岩气储层压裂技术的不断发展，我国页岩气产量逐年攀升，目前已成为全球第二大页岩气生产国，2020 年全国页岩气产量达 $200.4 \times 10^8 m^3$，占当年全国天然气总产量的 10.6%[1]。页岩气开发进程的加快对于缓解天然气供应压力、调整能源结构具有重大意义。

由于页岩储层具有低孔隙度和低渗透率的特征，与常规天然气相比，页岩气的气流阻力更大，几乎所有的页岩气井都必须通过压裂作业后才具有开采能力，所以要想气体在页岩储层中运移，必须"打碎储层"，形成复杂的缝网结构，改善页岩储层的孔隙度和渗透率。我国的页岩气开发技术还处于初始探究阶段，2011 年，吴奇等提出了"体积改造技术"新概念，与传统压裂相比，体积压裂改造技术能够大大降低驱动压力，有效开发页岩气。2011 年 3 月，我国第一口页岩气水平井威 201H 井采用多级分段压裂技术成功穿越页岩储层，标志着该技术正式用于我国页岩气藏的开发。

由于多级分段压裂施工过程中排量大、泵压高、压裂级数多（一般 20 级以上），造成套管易产生变形或破坏，影响页岩气水平井的井筒完整性，严重影响页岩气井的产能。例如，美国的卡波特石油天然气公司在宾夕法尼亚州的 Marcellus 页岩气田实施的 62 口页岩气井中有 32 口存在套管变形的现象。我国威远—长宁国家级页岩气示范区在分段压裂过程中同样产生了套管变形问题。川渝地区 HX-1 井压裂首段后，水平井设计的着陆点 A 点附近发生套损，2in 连续油管无法通过，放弃压裂；HX-2 井压裂 50% 后，A 点附近出现套损，套管通径小于 67mm，剩余 50% 水平段放弃压裂；HX-3 井在压前通井过程中，在 A 点附近套管通径小于 64mm，无法进行压裂施工。因此，在储层改造过程中出现的井筒损伤和变形的问题会导致桥塞无法坐封到位，连续油管不能顺利钻磨桥塞，从而造成作业成本提高，页岩气井的生命周期缩短，甚至部分井段被迫放弃压裂作业。这些问题影响了页岩气水平井单井产量的提高，严重制约了我国页岩气的开发进程。

现有的套变处理方法主要集中在套变发生后，如何提前预防并研制相应的控制工具，已成为页岩气开发亟待解决的问题。预防套变一般有两种思路：一是通过调整排量等参数减少对天然裂缝的影响，但限于页岩储层开发 SRV 最大化要求以及储层埋深和岩石强度的约束，可操作空间较小。二是通过隔离天然裂缝和抵消断层、裂缝滑移的方式减少裂缝对套管的影响，该方法相对于第一种方法，具有操作简单、不影响产量、方式多样等优点。

国内外针对多级分段压裂过程中套管变形的原因探究不多。一般认为，套管出现变形的原因与地应力、套管内压、固井质量、套管磨损等因素有关。因此，找出多级分段压裂过程中套管变形的主要因素及形成控制套变的针对性措施，对我国页岩气的高效开发具有十分重要的意义。

1.1 国外套管变形研究现状

在常规油藏开发过程中，一般是油层套管易发生变形，在固井作业很长时间之后由于注水、酸化、地层出砂等因素导致套管承受载荷过大而变形失效。从 1930 年开始直到 20 世纪 70 年代，苏联在套管载荷计算方面做了一些研究：1930 年布尔卡柯夫和 1933 年铁木辛哥[2]研究了套管的椭圆度；1950 年以来，苏联的萨尔奇索夫公式被用来分析抗挤强度[3]；从 1975 年到 1991 年，波尔科夫等[4]结合理论分析和实验探究，将套管的抗挤强度计算过渡到弹塑性范畴。

Hilbert 等在 1999 年发表的论文（SPE 56863）中研究了美国加州 Belridge 油田由于长期开采导致储层压力衰减诱发地面不均匀沉降而引起两套地层之间的弱面发生滑移并最终引起套管变形破坏的问题，他们的研究结果表明，这种情况下，层间弱面滑移量可高达 25cm，导致套管受剪切载荷作用，发生严重的缩径变形。此外，Maurice 等在 2001 年发表的论文（SPE 72060）中，也列举了世界范围内各油田在注水、注蒸汽等开展过程中导致地层裂缝、断层、弱面发生滑移而引起套管显著缩径变形的现象，并提出合适的井位或井斜角、井下扩眼、特殊的完井方式等可减少套管剪切破坏的频率。

2000 年以后，有限元模拟计算和室内实验成了研究套管受力的主要手段。2001 年 Dusseault M B 等[5]探究了导致套管产生剪切变形的缘由；2004 年，Pattillo P D 等[6]探究了套管变形和非均匀载荷的关系；2005 年，Daneshy A A 等[7]分析了不对称压裂对套管毁坏的影响情况；2006 年，Last N 等[8]分析了套管产生椭圆变形的原因；2010 年，Ewy R T 等[9]探究了套管应力和页岩各向异性的关系；2012 年，Sugden C 等[10]分析了套管载荷与水泥环微环隙的关系；2013 年，Shen Z 等[11]认为高温会影响套管的完整性；2016 年，King G E 等[12]认为重复压裂会影响套管的受力情况。

事实上，体积压裂过程中确实存在一些大型天然裂缝或者小型断层被激活并发生滑移的可能性。例如，Zoback 等在 2012 年发表的论文（SPE 155476）就提及，美国 Barnett 页岩气田开展体积压裂过程中，微地震监测信号显示存在断层激活的迹象。然而，目前在不同地质条件与地应力条件下，未深入研究体积压裂过程中引起大型天然裂缝或小型断层激活并发生滑移的规律，特别是几乎没有相关工作研究这种滑移对套管变形破坏的影响规律，难以对体积压裂过程中由于天然裂缝或断层滑移导致的套管变形破坏程度进行定量评价。

总的来说，通过对上述国外关于体积压裂过程中套管变形破坏的研究现状调研，可得出在体积压裂过程中可能导致套管变形的因素包括如下几个方面：

（1）体积压裂可导致井周应力场、孔隙压力场、温度场变化，可能导致套管外挤力增加、非均匀性增强，从而导致套管变形破坏。

（2）井眼轨迹设计不合理，可能导致压裂过程中引起的岩体变形方向与套管斜交，使套管受侧向挤压而弯曲变形。

（3）体积压裂对于储层改造可能呈现出强烈的空间非均匀性，导致井周附近地层应力场分布呈现强烈非均匀性和非对称性的特点，可能导致套管两侧外挤力不均衡，套管受弯曲和挤压而变形破坏。

（4）体积压裂引起的应力与孔隙压力变化可能激活断层与大型天然裂缝、弱化性质差异较大地层之间的界面，引起岩体发生沿断层、天然裂缝或地层界面的错动位移，使套管受剪切而变形破坏。

（5）固井水泥性质不合理、水泥环缺失与套管偏心等固井质量问题可能加剧体积压裂过程中套管变形破坏。

（6）滑溜水进入地层，泥岩夹层水化膨胀导致套管所受外挤力增大，进而可能引起套管变形破坏。

（7）地应力变化、固井质量缺陷、压裂改造区域非均匀分布可能导致套管的屈服破坏和一定的变形，但这些因素引起的套管缩径变形量与体积压裂实际施工过程中观察的变形量相比较小。

1.2 国内套管变形研究现状

针对国内套管变形研究进展，公开发表的文献显示，国内大庆油田、四川须家河致密气、川中侏罗系致密油、威远—长宁页岩示范区等区块的致密油气、页岩气储层体积压裂过程中都存在大量套管变形，导致桥塞、磨鞋下入遇阻。国内对套管变形问题的研究较晚，在多级压裂技术施行以前，油层套管损坏的主要原因是套管磨损、高压注水、地层滑移、腐蚀及蒸汽热采[13-16]。

1.2.1 大庆油田套管失效研究现状

截至 2019 年底，大庆油田累计发现套损套变井 29288 口，已治理 23600 口，待治理套损套变井 5688 口，待治理套损套变井占在册油气水井总数的 4.21%。其中，套损套变水井 15681 口，套损率为 30.8%；油井 13605 口，套损率为 17.3%；气井 2 口，套损率为 0.31%。大庆油田套损套变主要表现为三次集中，在 1979—1988 年第一次套损高峰，主要为提压注水导致油层部位套损；1997—2004 年第二次高峰，主要为井网二次加密造成超压注水，油层部位套损；2012 年以来第三次高峰，主要为井网复杂、注聚开发导致套损加剧。

大庆油田套损套变形态主要表现为以下 3 种类型：套管变形、套管错断、套管破裂（见图 1.1）。套管变形量大于 7% 的套管变形井累计发现 15764 口，占套损井数 53.8%；套管错断井累计发现 11490 口，占套损总井数的 39.2%；套管破裂井累计发现 711 口，占套损总井数的 2.4%。

国内外许多学者都对其原因进行了大量研究，明确了注水引起套损套变的原因，注水井泥岩吸水膨胀和注水注聚开发方式引起的套管剪切或挤毁损坏。大庆油田开采基本采取二次或三次加密的注水开发，嫩二段泥岩吸水膨胀和注采失衡导致储层憋压诱发套损，套损地质模型如图 1.2 所示。

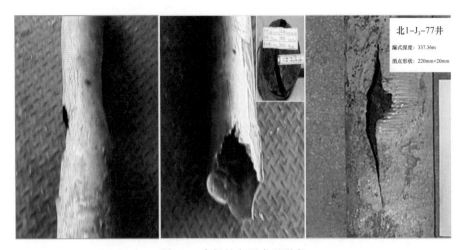

图 1.1　套损的主要表现形态

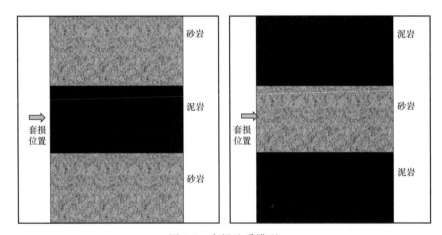

图 1.2　套损地质模型

1.2.2　长庆油田套管失效研究现状

截至 2019 年底，长庆油田套损套变井 2703 口，其中采油井 2313 口，采气井 10 口，注水井 380 口，套损套变井数占总井数的 2.66%，如图 1.3 所示。

油田部分主要为洛河层水外腐蚀和侏罗系井内腐蚀等两类套管腐蚀套损，以陇东、姬塬、安塞、靖安油田为代表。气田部分主要为套管腐蚀穿孔产生的破漏类型，没有出现变形、错断等其他套损情况，且套损井所占比例低，仅为 0.08%。

对长庆油田套损井腐蚀产物、腐蚀介质进行分析，洛河组水层厚（300～500m），矿化度小于 7g/L，但大量腐蚀性离子及酸性气体导致腐蚀，腐蚀形貌为大段腐蚀穿孔，腐蚀产物主要为 $FeCO_3$ 及少量 FeS。侏罗系地层水矿化度高（14～120g/L），富含 CO_2 及氯离子，腐蚀形貌以大段内腐蚀破漏为主，平均段长 7m，位于射孔段以上 100～200m。明确套管受产层流体长期浸泡冲刷，导致腐蚀破漏、穿孔（见图 1.4）。通过应用环氧涂层加牺牲性阳极套管外防腐技术和动液面以下内涂层防腐等两项主体技术，外腐蚀得到有效遏制。

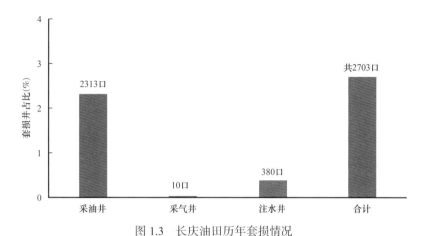

图 1.3 长庆油田历年套损情况

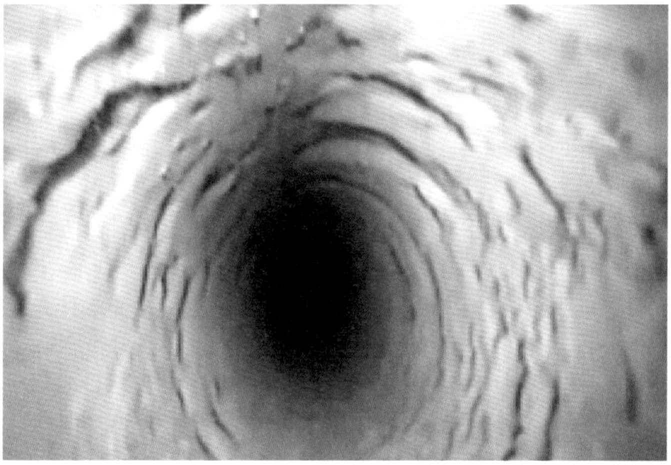

图 1.4 套管严重内腐蚀形貌

1.2.3 川渝页岩气井套变研究现状

通过已有的数据，川南页岩气区块在 2016 年之前页岩气井压裂后套管变形现象严重，对开发效果影响很大，共压裂 77 口井，套变 24 口，设计压裂段数 1264 段，因套管变形丢段 56 段，页岩气水平井丢段率 4.43%。其中，川南 A 区块压裂 26 口井，套变 7 口，设计压裂段数 469 段，因套管变形丢段 14 段，页岩气水平井丢段率 2.99%；川南 B 区块压裂 19 口井，套变 8 口，设计压裂段数 387 段，因套管变形丢段 11 段，页岩气水平井丢段率 2.84%；川南 C 区块压裂 32 口井，套变 9 口，设计压裂段数 408 段，因套管变形丢段 31 段，页岩气水平井压裂丢段率 7.6%。

截至 2020 年 10 月川南页岩气区块共压裂 565 口井，套变 155 口，设计压裂段数 14490 段，因套管变形丢段 403 段，页岩气水平井丢段率 2.78%。其中，川南 A 区块压裂 104 口井，套变 42 口，设计压裂段数 2424 段，因套管变形丢段 97 段，页岩气水平井丢段率 4%；川南 B 区块压裂 158 口井，套变 53 口，设计压裂段数 4062 段，因套管变形丢段 138 段，页岩气水平井丢段率 3.4%；川南 C 区块压裂 303 口井，套变 60 口，设计压裂段数 8004 段，因套管变形丢段 168 段，页岩气水平井压裂段丢段率 2.1%。

页岩气水平井压裂段套变率由 2016 年之前的 4.43% 降至 2.78%。各个区块历年套变丢段率和丢段长度占比可以看出，各个区块套变丢段率和丢段长度占比基本呈下降趋势，2016—2018 年套变呈现高峰，但是套变率和丢段率均呈现下降趋势，如图 1.5 所示。

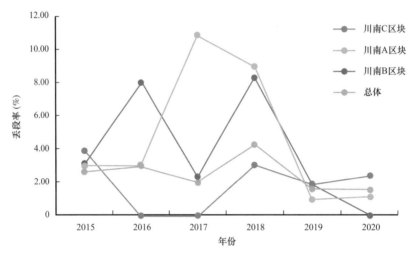

图 1.5　不同公司页岩气井历年丢段率

在 2014 年以前，由于多级分段压裂技术刚起步，国内学者对压裂过程中套管变形因素研究较少；但 2014 年以后，我国四川长宁—威远区域大力发展多级分段压裂技术，基于套管变形严重制约页岩气高效开采的现状，学者专家对多级分段压裂过程中套管的受力情况展开深入的探究。

沈新普等[17] 在 2014 年发表的论文中，基于观察到体积压裂过程中微地震监测信号在井筒两侧分布差异较大的现象，认为体积压裂过程中井筒两侧改造区域分布不对称，造成改造后两侧岩体对于井筒的外挤作用力差异较大，由此引起的套管变形是体积压裂过程中套管变形破坏的主要机理。对此，他们建立了有限元数值分析模型，同时考虑了固井水泥环存在缺陷的工况，开展了分析研究。然而，他们的计算结果再一次表明，压裂区域在井筒两侧分布不对称将造成套管整体发生一定的侧向位移（1.6cm），横截面缩径变形量较小（0.4mm 左右），远小于实际体积压裂施工过程中普遍观察到的套管缩径变形量。同时通过数值模拟的方法，对四川页岩区块井筒完整性失效的问题进行了研究，认为地层天然裂缝的分布情况及地层力学参数特性是影响页岩气藏井筒完整性的主要因素。

Lian 等在 2015 年发表的论文中，注意到四川一口页岩气井体积压裂过程中井筒两侧微地震监测信号分布呈现显著的不对称，显示井筒两侧裂缝分布区域（即体积压裂改造区域）存在显著的不对称性，认为体积改造区域内岩石性质发生了劣化，将导致压裂改造区域的应力场发生重分布，因而改造区域的非对称将引起重新分布后的地应力在井筒两侧分布不对称，使得作用于套管上两侧的外挤力不均衡，可能引起套管的侧向移动和弯曲变形。他们将这一机制认为是该页岩气井压裂过程中套管变形破坏的机理，并据此建立了三维有限元数值分析模型，对体积压裂过程中套管的变形进行分析。分析计算结果表明，套管确实发生了一定程度的侧向位移（约4cm），然而从变形曲率分析，套管的局部弯曲变形程度不大，另外从他们计算的椭圆度来看，套管的缩径变形量非常小，远小于体积压裂过程中普遍观察到的套管缩径变形量。

2015年，彭泉霖等[18]认为套管的强度变化与水泥环缺失有关；范明涛等[19]在综合考虑温度和压力条件下，分析了套管受力的影响情况与固井质量的关系；袁进平等[20]提出通过改变水泥石韧性的方法，来降低水泥石的弹性参数，保证水泥环的完整性。2016年，刘奎、高德利等[21]研究了压裂过程中热应力及套管内压周期性变化对套管变形的影响；董文涛等[22]研究发现套管变形与页岩储层特征和压裂作业有关；席岩、李军等[23]认为套管应力与页岩储层的各向异性密切相关；韩家新等[24]阐述了分段压裂时裂隙对套管应力的影响情况。

通过总结国内外文献可知，多级分段压裂过程中套管受力状况非常复杂，既与套管不均匀磨损、固井质量有关，又与压裂过程中的泵压、排量有关。套管不均匀磨损会影响套管强度，使套管产生挤毁的风险大大增加；固井质量差会使套管局部出现应力集中，套管产生损毁。在多级分段压裂过程中，套管内外壁温度变化会使套管受到热应力作用；泵压的高低变化会使套管内壁应力的大小和分布随之变化。但在压裂过程中天然裂缝展布、断层、区域初始地应力等对套变影响规律及套变风险点位置的预测缺乏深入的研究，亟须揭示页岩气井在压裂过程中的套变机理，提出有效的套管损坏评价方法和控制技术。

2 页岩气井套变规律

2.1 页岩气井套变特征

2.1.1 套变位置特征分析

页岩气井在压裂改造后易发生套变，并且这些套变的发生位置并不是随机的。通过分析套变发生的位置特征，可以对造成该处套变的工程因素及地质因素进行针对性讨论，进一步确定页岩气井发生套变的原因。以川南 A 区块为例，统计该地区套变井发生套变的位置情况。

从图 2.1 中可以看出，页岩气井套变集中发生在水平井 A 点附近（200m）与中间段（200~800m）处。其中，在 A 点附近的套变点占 46.8%，在中间段处的套变点占 48.9%。

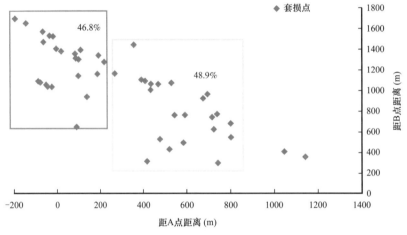

图 2.1 套变位置特征

2.1.2 套变量分析

套变量可以在一定程度上直观反映页岩气井套变的严重程度，再结合压裂改造期间的工程因素及页岩储层的地质因素，分析页岩气井套变特征。下面以川南 A 区块（见图 2.2）和川南 C 区块（见图 2.3）为例，统计并分析页岩气套变井不同套变位置的套变量。

川南 A 区块统计了 41 口井套变变形量。其中，套变量 10~20mm 占 57.1%，20~30mm 占 26.8%，大于 30mm 占 17.1%；川南 C 区块统计了 21 口井套变量，其中，小于 10mm 占 38.1%，10~20mm 占 52.4%，大于 20mm 占 9.5%。可以发现，两个地区的套变井套变量集中在 10~20mm。

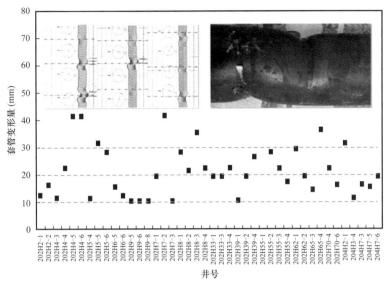

图 2.2 川南 A 区块套变量统计

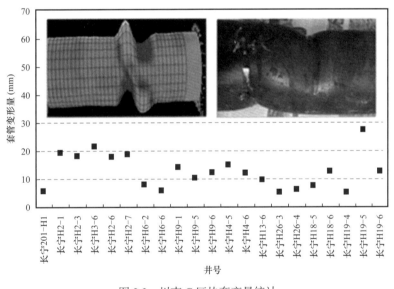

图 2.3 川南 C 区块套变量统计

2.1.3 套变类型分析

以川南 A 区块为例，通过多臂井径测量和超声波检测两种方法，对套变的形态进行分析。

图 2.4 为川南 A 区块某井的多臂井径测量结果。可以看出，有明显变形面，井径曲线的滑移错动，三维图上有明显对称错动，变形段长度较短，一般为 2～4m，这种变形的形式显然是剪切型形变。

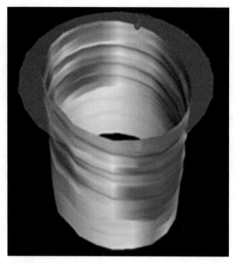

图 2.4　川南 A 区块某井深度 3056.571m 多臂井径测量结果

由图 2.5 可以看出，套管在剪切力的作用下，由圆形逐渐变为椭圆形，这种变形方式是典型的剪切型形变，且随时间推移，变形程度增大，椭圆长轴更长，短轴更短。

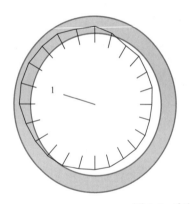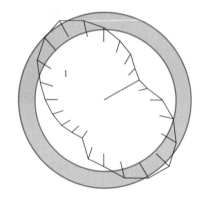

图 2.5　套管变形面形变程度

超声波检测是测量套变的另一种方式，通过测量段三维柱状图像可以直观地观察套变段的变形程度、套变形态等信息。图 2.6 是川南 A 区块某井的超声波检测结果。

从图 2.6 可以看出，该井套变段长度为 1.2m 左右，套变的方位是 150°（从井眼高边逆时针旋转 150°），变形井段内径最小值为 86.4mm，该井段套变特征为剪切变形。

由多臂井径测量结果与超声波检测结果可知，页岩气井套变类型基本为由于结构弱面滑移引起的剪切型套变。由于页岩储层层理发育，天然裂缝，断层分布密集，结构弱面的滑移破坏，从而剪切套管造成套变。

2.1.4　套变点钻完井参数分析

下面以川南 C 区块 HX 平台三口井为例，通过对照套变点钻完井参数，对页岩气井套变特征进行分析。

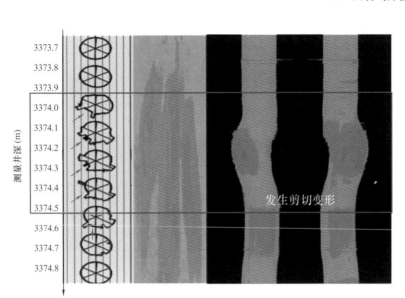

图 2.6　川南 A 区块某井超声波检测结果

已知川南 C 区块 a、b、c 三口井均采用四开四完的井身结构，并采用 ϕ139.7mm 油层套管完井，且固井质量均较优。因此，可以大概率排除因固井质量差而导致的套变。其井身结构与固井质量优质占比结果分别如图 2.7、图 2.8 所示。

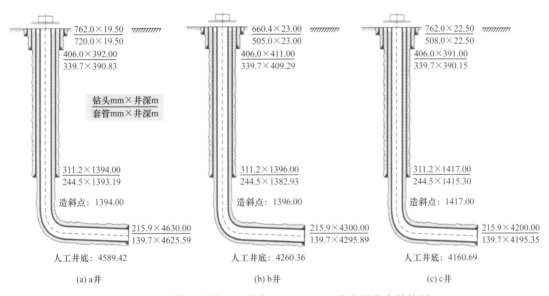

图 2.7　川南 C 区块 HX 平台 a、b、c 三口井实际井身结构图

钻井参数影响井眼轨迹在不同层位之间的穿层情况，使得水平井段处在不同的层位下。通过分析钻井参数，可以得知套变井在什么位置发生穿层，结合套变点位置的统计，判断钻井参数对套变的影响。表 2.1 统计了川南 C 区块三口套变井的水平段穿层情况。

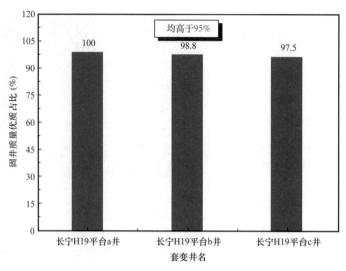

图 2.8 川南 C 区块某平台固井质量

表 2.1 川南 C 区块三口井水平段穿层统计表

井号	编号	层位	顶深（m）	底深（m）	长度（m）	井径扩大率（%）	各井段占比	龙一 1a 钻遇率	龙一 1b 钻遇率	五峰组钻遇率
a井	1	龙一$_1^1$	3130	3253.5	123.5	3.4～6.07	9.88%	96.44%	—	3.56%
	2	五峰组	3253.5	3277.5	24	4.15～5.47	1.92%			
	3	龙一$_1^1$	3277.5	3796	518.5	3.18～6.33	41.48%			
	4	五峰组	3796	3816.5	20.5	4.18～5.64	1.64%			
	5	龙一$_1^1$	3816.5	4380	563.5	1.85～6.19	45.08%			
b井	1	龙一$_1^2$	2800	2850	50	0.34～7.62	3.43%	90.95%	3.43%	5.62%
	2	龙一$_1^1$	2850	2858	8	0.98～4.78	0.55%			
	3	五峰组	2858	2940	82	−3.14～6.26	5.62%			
	4	龙一$_1^1$	2940	4258	1318	−0.14～13.88	90.40%			
c井	1	龙一$_1^1$	2700	2724	24	−0.94～3.97	1.62%	76.42%	14.08%	8.28%
	2	五峰组	2724	2752.8	28.8	−1.25～1.59	1.95%			
	3	龙一$_1^1$	2752.8	3621.9	869.1	−3.09～7.2	58.72%			
	4	龙一$_1^2$	3621.9	3830.3	208.4	−1.92～2.75	14.08%			
	5	龙一$_1^1$	3830.3	3859.2	28.9	−1.53～1.94	1.95%			
	6	五峰组	3859.2	3953	93.8	−2.3～6.88	6.34%			
	7	龙一$_1^1$	3953	4162	209	−2.53～2.77	14.12%			
	8	宝塔组	4162	4180	18	−0.52～8.13	1.22%			

由图 2.9 可以看出，H19 平台三口套变井的 11 个套变点中，有 5 个套变位置靠近井眼发生穿层的位置。由于不同层位之间地质条件不同，层与层之间的结构弱面易在压裂改造过程中起裂破坏，引起该处地层错动滑移，因此，靠近井眼穿层位置的套变点有可能是层位间结构弱面滑移导致的。但与此同时，这些套变点周围存在天然裂缝，且有大部分套变点与井眼穿层位置无明显关系。因此，页岩气井套变与钻井参数的关联并不密切。

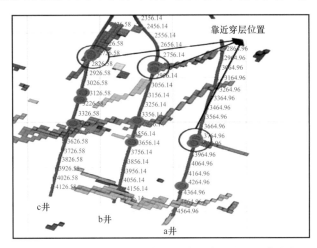

图 2.9　川南 C 区块三口套变井靠近穿层位置的套变点

2.2　页岩气井套变主控因素评价

以往研究表明，页岩气井套变发生的原因往往在于裂缝不平衡生长，在裂缝尖端应力变化的条件下，复杂裂缝网络会使套管受到剪切、滑移、错断等复杂的力学作用，并引起地应力场的改变，最终导致套管失效。与此同时，压裂液会渗透进地层，引起近井地带出现高孔隙度区域，该区域外压实储层会形成一个轴向的压缩力，使套管发生屈曲变形或挤毁。又或者，页岩层存在大量的软弱夹层面，一旦弱面失效，地层将变得不稳定，压裂过程中很容易造成储层沿界面发生大面积滑移，从而对套管产生剪切作用，使套管发生失效。本节从工程因素与地质因素两方面出发，对页岩气井套变主控因素进行分析。

2.2.1　工程因素评价

2.2.1.1　不同工程因素对套变的影响

压裂改造参数对套变的发生具有直接影响，故对长宁—威远页岩气区块已发生套变的套变井的工程施工参数进行分析：

（1）加砂强度和用液强度对页岩气水平井套变的影响。

由图 2.10 可以看出，川南页岩气区块套变点的高频加砂强度主要分布在 1.29~1.8t/m，区间相对集中，可调范围小；用液强度主要分布在 23.37~33.27m³/m，用液强度范围相对分散，说明目前用液强度是目前不同井压裂的主要区别，可调节范围相对较大。

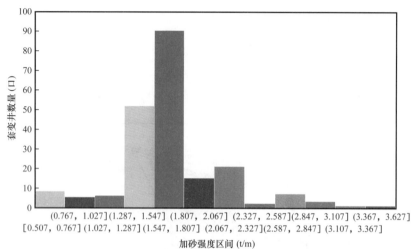

(a) 加砂强度

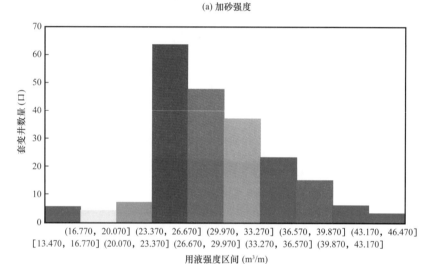

(b) 用液强度

图 2.10　川渝地区加砂强度和用液强度统计

（2）段长和改造强度对页岩气水平井套变的影响。

由图 2.11 可以看出，通过对川南 A 区块 55 口套变井的统计分析发现：单段段长缩短的时候，改造强度增大，套变发生概率明显提升；单段段长增大的时候，改造强度减小，套变发生概率降低。

（3）固井质量对页岩气水平井套变的影响。

由图 2.12 可以看出，套管变形附近固井质量好的共 40 处，占比 57.97%，固井质量中的有 16 处，占比 23.19%，固井质量差的有 13 处，占比 18.84%。因此，固井质量的好坏与套变的程度之间并无明显关联，其不是影响套变的主控因素。

（4）应力积累对页岩气水平井套变的影响。

多段压裂带来的循环载荷会对某一处套变点带来较强的应力累积，对不同压裂段数下的套管变形量进行统计，结果如图 2.13、图 2.14 所示。

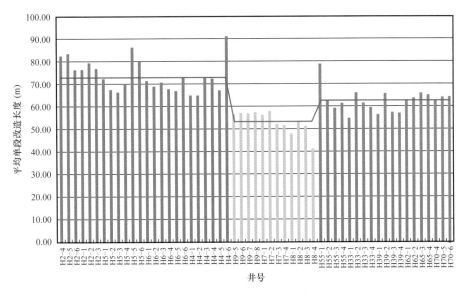

图 2.11 压裂改造段长的变化

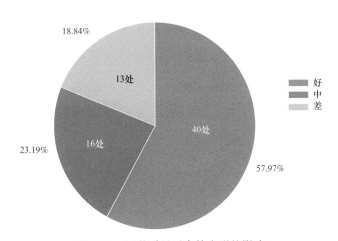

图 2.12 固井质量对套管变形的影响

由图 2.13 和图 2.14 可知，统计数据显示有 30 处（43.47%）是压裂 10 段以后发生套变，也就是说，压裂段数越高，水平井段某处发生套变的概率就越大，即应力累积越大，套变程度越严重。因此，应力累积对套变有着较强的影响。

通过对大范围页岩气套变井的工程因素的统计，从宏观的角度上评价了不同工程因素对于套变的影响。在众多工程因素中，用液强度在压裂过程中的影响因子较大，可以通过对某些套变井的具体压裂施工情况进行评价，来判断压裂施工参数对套变的影响程度，以及通过分析压裂施工参数来判断页岩气井是否可能发生套变。

2.2.1.2 典型井压裂施工参数评价

从压裂施工曲线中可以得出，压裂进行到某一时间点时的泵压、排量、加砂量三个数值，及其三者之间的关系。同时可以通过曲线的变化判断压裂过程中发生了哪些情况。

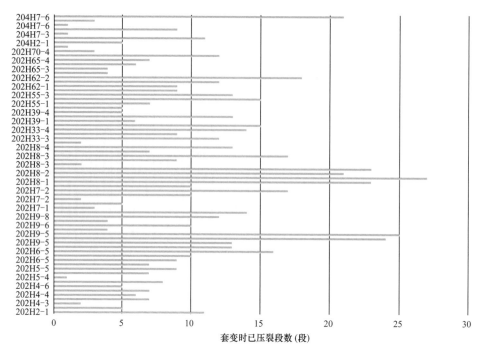

图 2.13　套管变形时的压裂段数

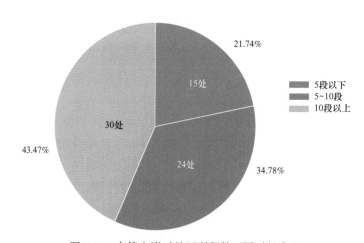

图 2.14　套管变形时的压裂段数不同时的占比

　　以川南 C 区块为例，分析造成套变的压裂改造段的施工曲线图，评价压裂施工参数对于套变的影响。a 井水平段长度 1550m，23 段压裂；b 井水平段长度 1500m，32 段压裂；c 井水平段长度 1500m，23 段压裂。三口井压裂分段设计结果见表 2.2。

　　（1）a 井压裂施工曲线。

　　由图 2.15 可以以看出，a 井第一处套变点处，整体的泵压与排量均大致保持升降幅度一致，但在压裂末期，排量不变的情况下，泵压持续增高。此时，砂量没有下降，说明出现砂堵，导致泵压异常升高，泵压异常升高对水力裂缝的扩展方向、距离及地层沿裂缝面滑移量均有一定程度的影响。

表2.2   各井压裂工艺施工规模

工艺试验	井号	平均段长（m）	总液量（m³）	每米液量（m³/m）	总砂量（t）	每米砂量（t/m）
常规工艺	HX 平台 a 井	67	2500	37.3	210	3.1
密切割试验井	HX 平台 b 井	45	1800	40	140	3.1
高密度完井	HX 平台 c 井	67	2500	37.3	210	3.1

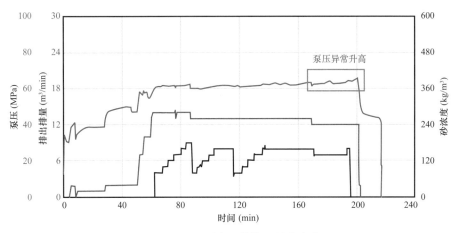

图 2.15   HX 平台 a 井第一处套变点

由图 2.16 可以看出，a 井第二处套变点处，整体的泵压与排量均大致保持升降幅度一致，但在压裂末期，排量不变的情况下，泵压持续增高，且产生大范围波动。泵压异常升高的原因与第一处套变点相似，均可能出现砂堵现象。而造成泵压波动不稳定的原因，可能是压裂末期，水力裂缝持续扩展，因储层处天然裂缝、断层发育，而导致水力裂缝频繁与天然裂缝连通，使得压裂液部分进入天然裂缝，导致泵压呈现波动状态。由此可见，此处套变可推断是由于水力裂缝与天然裂缝连通，大量压裂液进入天然裂缝，裂缝周围应力场改变而发生滑移而导致的。

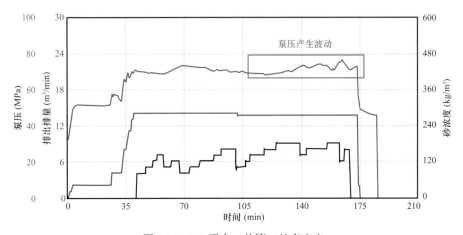

图 2.16   HX 平台 a 井第二处套变点

（2）b井压裂施工曲线。

由图2.17可以看出，b井第二处套变点处，在压裂初期，出现了泵压迅速下降的现象，之后在压裂中期，泵压呈明显波动状扰动，在压裂末期，泵压又呈逐渐上升趋势。由此可推断，压裂初期，水力裂缝连通天然裂缝，导致压裂液分流进入天然裂缝，泵压出现小幅度的下降；压裂中期，随着复杂缝网的逐渐形成，水力裂缝与多道天然裂缝连通，泵压曲线出现波浪状扰动；在压裂末期，由于砂堵而导致泵压逐渐上升。由此可见，此处套变可推断是由于天然裂缝进水，裂缝周围应力场改变而发生滑移而导致的。

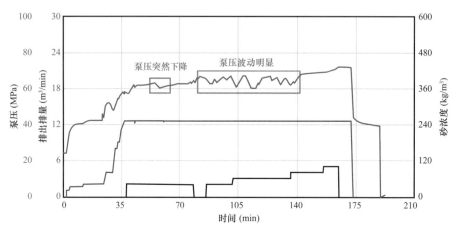

图2.17　HX平台b井第二处套变点

由图2.18可以看出，b井第四处套变点处，在压裂过程中某个时刻，泵压曲线有不符合常态规律的小"跳起"，而此时排量曲线不但没有向上"跳起"，反而是下沉之后又恢复。从压裂施工曲线上看，造成上述现象的原因是，压裂过程中出现砂堵，导致泵压上升，随后降低排量缓解砂堵，就导致了上述现象。

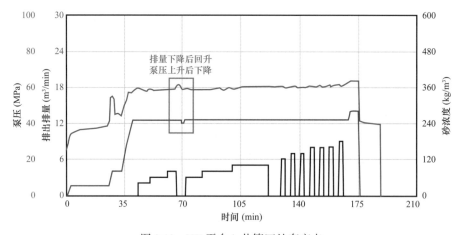

图2.18　HX平台b井第四处套变点

（3）c井压裂施工曲线。

由图2.19可以看出，c井第一处套变点处，整体的泵压与排量均大致保持升降幅度一致，但在压裂前中期，排量不变的情况下，泵压曲线呈下降趋势。造成泵压下降的原因，可能是在压裂前中期，水力裂缝很快扩展至天然裂缝或断层处，继而连通较大的天然裂缝或断层，因此，泵压出现下降。随着压裂的进行，裂缝被压裂液填满，压裂施工曲线回到正常工作状态并保持下去。到压裂末期，又连通天然裂缝，泵压再次下降。由此可见，此处套变原因可推断是由于天然裂缝进水，裂缝周围应力场改变而发生滑移而导致的。

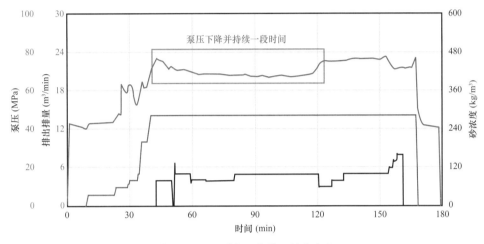

图 2.19　HX 平台 c 井第一处套变点

由图 2.20 可以看出，c 井第二处套变点处，整体的泵压与排量均大致保持升降幅度一致，但在压裂中期，排量不变的情况下，泵压呈现断崖式下降。造成泵压断崖式下降的原因，可能是在压裂中期，水力裂缝很快扩展至天然裂缝或断层处，继而连通较大的天然裂缝或断层。因此，泵压出现断崖式下降。随着压裂的进行，裂缝被压裂液填满，压裂施工曲线回到正常工作状态并保持下去。由此可见，此处套变原因可推断是由于天然裂缝进水，裂缝周围应力场改变而发生滑移而导致的。

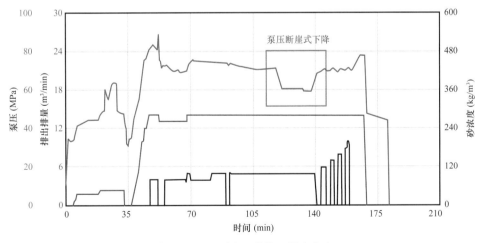

图 2.20　HX 平台 c 井第二处套变点

2.2.2 地质因素评价

不仅工程因素有影响，地质因素对页岩气井套变的影响同样不可忽视。对不同地质因素对套变的影响进行评价，结合工程因素评价，从而明确页岩气井套变的主控因素。

（1）构造对页岩气水平井套变的影响。

对已压裂的73口井中的13口钻遇断层井情况进行统计，结果见表2.3。

表2.3 钻遇断层井套管变形情况统计表

井号	套变位置（m）	断层位置（m）	最小距离（m）
1#	—	4410	—
	—	4520	—
2#	—	4385	—
	—	4500	—
3#	—	4230	—
4#	3908	3400	508
5#	3815	3800	15
	3080		720
	2885		915
6#	3353	3700	347
		3680	327
	2978	2815	37
7#	—	3450	—
8#	4472	3340	1132
	3953		613
	3825		485
9#	—	4050	—
10#	—	2725	—
11#	3390	4650	1260
12#	—	5350	—
13#	4322	5230	908
平均	—	—	605.6

由表2.3可知，已压裂的73口井共有13口钻遇断层，钻遇断层的井中6口井发生套变，占比46.2%；套变点距离断层位置较远（平均为605.6m），小于100m的有2口。由

此可见，储层构造的存在在一定程度上影响页岩气井发生套变的概率。

（2）岩性界面对页岩气水平井套变的影响。

将川南地区套管变形位置与井眼轨迹穿行的小层界面结合起来进行分析，可以看出，穿过小层界面的套变位置占 24.35%，如图 2.21 所示。这说明岩性界面的破坏滑移对于套变的影响较小。

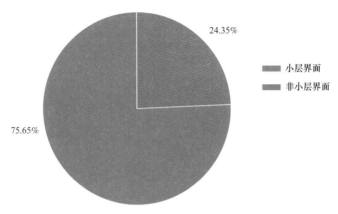

图 2.21　在岩性界面附近的套变点数量统计

（3）天然裂缝对页岩气水平井套变的影响。

将川南地区套变井套管变形位置与天然裂缝结合起来进行分析，可以看出套管变形位置附近天然裂缝发育，占比 66.7%。

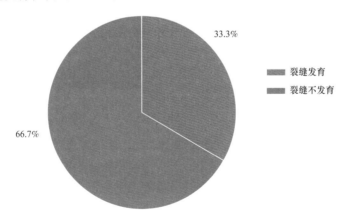

图 2.22　套管变形附近天然裂缝发育占比图

由图 2.23 可知，川南 A 区块压裂的 31 口井中，26 口井出现 46 处套变，33 处天然裂缝较为发育，占比 71.7%，13 处裂缝不发育，占比 28.3%。这说明天然裂缝的发育情况与页岩气井套变之间的关联较大。

由图 2.24 可知，通过将川南 C 区块地质模型与套变位置结合统计分析，套变点位置与裂缝分布关系明显，共有 21 口套变井，39 个套变位置，其中 26 个位于及靠近斯通利波解释裂缝位置（位置小于 10m）如图 2.24 所示。

图 2.23　川南 A 区块套管变形点与天然裂缝分布图

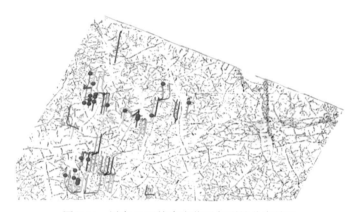

图 2.24　川南 C 区块套变位置与裂缝分布关系

（4）岩石曲率属性对页岩气水平井套变的影响[25]。

将曲率属性赋予地质意义，可做如下约定：当最正曲率大于 0，且最正曲率幅值绝对值大于最负曲率幅值绝对值时，认为背斜构造形态占主导地位，由该构造形态主导的套变，定义为准背斜型套变；当最负曲率小于 0，且最负曲率幅值绝对值大于最正曲率幅值绝对值时，认为向斜构造形态占主导地位，由该构造形态主导的套变，定义为准向斜型套变。

通过统计 13 口页岩气水平井，51 处套变位置对应的曲率属性振幅值和极性，可以区分不同套变类型及套变可能发生的位置。以川南 A 区块 a、b 两口井为例。

由图 2.25 可知，套变点均位于最正曲率或最负曲率幅值较大的位置。图中红色为最正曲率填充区，蓝色为最负曲率填充区。对目标井套变处地球物理参数进行统计，可以发现除 a、b 井 Bx1、Bx4、Bx5、Bx6 套变点外，其余 47 处均与微构造变形相关，占总套变数的 92%，均分布于最正或最负曲率局部极值附近。此外，依据曲率属性的幅值大小，对 47 处套变进行了分类，划分了准背斜型套变 23 处，准向斜型套变 24 处，即在地质构造为准背斜型与准向斜型处页岩气井易发生套变。

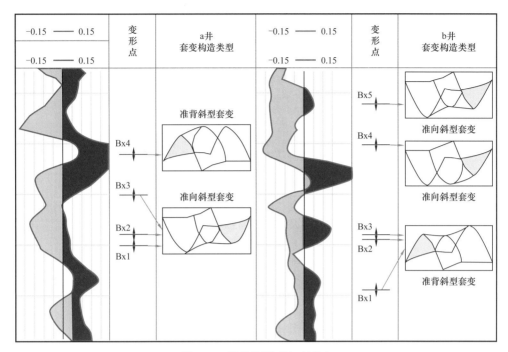

图 2.25　准构造形态与套变点

2.3　页岩气井套变原因

地层大规模体积压裂过程中，如遇天然裂缝，剪切力达到临界值时，激发天然裂缝滑动，造成套管变形。前面章节以具体页岩气井为例，分析了该平台套变井压裂施工曲线，同时对套变井储层段的断层，天然裂缝，层理发育情况进行评价，确定页岩气井套变原因为页岩储层弱结构面发生滑移而导致，套变类型基本为剪切型套变。确定地质因素是引起套变的内因，工程因素是引起套变的外因[26-27]。

（1）对于页岩储层来说，地层倾角和天然断层普遍存在，特别是在四川构造运动比较剧烈的区域。因此井眼轨迹就不可避免地穿过天然存在的断层，如果压裂液进入天然断层，会影响断层—围岩的稳定性，当孔隙压力增加到临界值时，断层就会出现失稳而产生滑动，最终产生套管变形失效（见图 2.26）。

（2）页岩气井压裂改造过程中，由于页岩储层层理发育的特性，水力裂缝在扩展过程中遇到层理，即会沿层理面转向，打开层理面，使得层理面上下地层发生相互错动，从而剪切与层理相交的套管，使套管在与层理相交处发生剪切型套变，导致套管变形失效（见图 2.27）。

（3）在体积压裂过程中，注入的压裂液会进入天然裂缝中。随着注入压裂液的增加，天然裂缝内的流体压力增大，裂缝附近的应力条件会发生改变。当裂缝附近的压力改变达到一定程度时，天然裂缝会沿裂缝面产生滑移，地层裂缝面的滑移会使穿过这些裂缝面的套管发生剪切变形。当套管的变形量超过套管的弹性形变时，穿过这些滑移面的套管就会出现套管损坏现象。

综上所述，明确了套管变形的原因：压裂液沿着某条通道进入断层、天然裂缝、层理面等弱面，使弱面内孔隙压力提高，当达到临界值时，激发弱面滑动，造成套管变形。

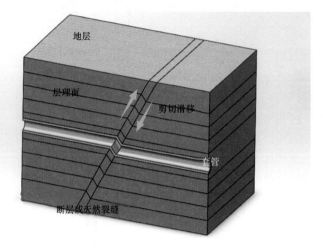

图 2.26　井眼轨迹直接穿过断层及天然裂缝

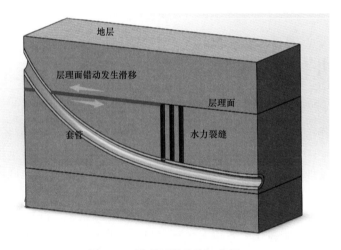

图 2.27　层理面滑移剪切套管

3 页岩气井套变机理

3.1 套变机理模型

3.1.1 多因素耦合套变模型

页岩气井常规的完井方式是在水平井段采用大规模多级分段压裂。随着大排量压裂液的注入，井筒温度会迅速降低，同时井筒内压力大幅升高；井筒内温度降低幅度近 80℃时，将产生极大的热应力（拉应力）和弯曲应力，使得套管在多级压裂过程中失效的风险增加。针对页岩气水平井生产套管变形的问题，利用影响套变的套管弯曲、降温效应等关键因素，建立了套变评价计算模型，详细分析了套变的主要影响因素。

3.1.1.1 水平井大排量压裂液注入过程温度场数值模拟

在页岩气大排量压裂过程中，压裂液经井筒进入页岩储层。一般来说压裂液温度较低，井筒周围温度较高，因此压裂液的流动过程为一加热过程。在研究压裂液注入过程井筒换热和温度分布时，1970 年埃克米尔等学者已建立一套成熟的液体与井筒周围地层间热交换的有限差分模型，专门用于计算井筒温度场的分布。

假设条件：注液之前充满井筒的积液与地层已经达到热平衡；忽略井筒内纵向上的热交换；只有在径向上才有热交换；各传热介质的热力学参数不随温度发生变化；以油管中心为轴，各向同性均质；地面注液量与注液温度不随时间发生变化；油、套管与井径的尺寸不随井深而改变；不考虑由于摩擦所引起的热力学影响；忽略井筒内液体与管壁之间的热阻，即液体温度跟与之接触的管壁温度相同；设地表面以下某深度处有一恒温点，其温度不随季节而变化。

设油管的内半径为 r_{ti}，外半径为 r_{to}；套管的内半径为 r_{ci}，外半径为 r_{co}；水泥环的外半径为 r_{ce}。（1）以油管中心为轴，在径向上划分为 N 个单元体（见图 3.1）。令 $r_0=r_{ti}$，$r_1=r_{to}$，$r_2=r_{ci}$，$r_3=r_{co}$，$r_4=r_{ce}$，$r_i=\alpha r_{i-1}$（$i=5$，6，…，N），α 为等比因子。r_N 的选择应满足（r_N+r_{N-1}）/2 处的温度 T_N 始终等于该处的原始地层温度，即热量传递不会波及到此处。

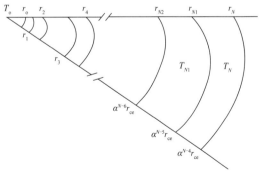

图 3.1　井筒径向网格划分图

沿井筒纵向上单元体的划分如图 3.2 所示。设目的层深度为 H，从井口至目的层的整个深度划分为 M 个单元体段。

以 HX-4 井为例，进行大排量压裂液注入条件下的井筒温度场数值模拟，分别计算了冬天（地面压裂液温度为 3℃）和夏天（地面压裂液温度为 20℃）压裂施工作业情况下的井筒内温度场的分布。

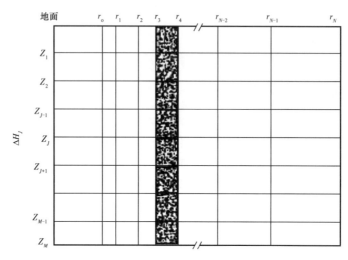

图 3.2　井筒纵向网格划分图

计算参数：页岩储层段地温为 100℃；压裂液注入速度为 8m³/min；地面最高泵压为 82.94MPa；连续注入时间为 3.67h。从图 3.3 可以看出，冬季施工条件下 2800～4010m 水平段生产套管温度为 17.92～24.08℃，即水平段 A、B 两点间温度相差约 7℃；夏季施工条件下水平段生产套管温度为 34.44～40.24℃。

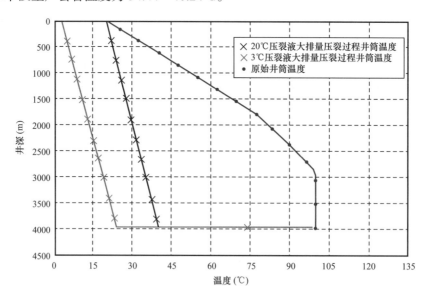

图 3.3　HX-4 井筒内生产套管温度分布图

3.1.1.2 页岩储层段井筒环空流体收缩及压力预测模型建立

由于页岩非常致密，渗透率通常为 10^{-4}mD 以上。如果环空段存在局部虚空段，即固井质量差的井筒，且其内部束缚着高压流体。由于页岩非常致密且渗透率极低，固井虚空段中的束缚水得不到周围地层水的有效补给，页岩气水平井大排量压裂过程中的热冷却使环空流体收缩，导致生产套管所受的外压大幅降低。类似问题已多次出现在高温高压井中，热量通过井筒传递到封闭的环形空间引起堵塞的环空流体膨胀，压力不断升高，使套管受到一定附加载荷，形成了局部周向应力，导致套管发生破坏。当页岩气水平井固井质量不佳且环空中存在虚空段时，随着大排量的低温压裂液泵入，高压流体过度冷却会使密封的流体收缩，会降低环空压力，这时套管的受力情况与热膨胀情况正好相反。冷却引起的流体收缩会导致孔隙压力的支撑减少，增加已经过度的冲击载荷。

基于国际标准的水相态方程——The IAPWS Industrial Formulation 标准模型计算了环空中虚空段的流体压力动态变化过程；环空流体的初始压力为 60MPa，温度为 100℃；随着大排量压裂液的注入，环空流体温度大幅下降，由于水的不可压缩性，环空压力急剧下降，在环空流体温度为 58℃ 时压力接近 0MPa（见图 3.4）。

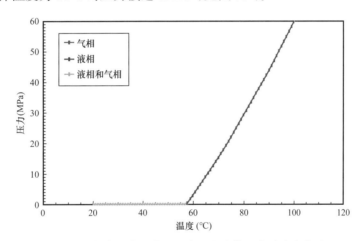

图 3.4 页岩气水平井固井环空虚空段流体压力动态变化过程

由于环空流体的收缩，套管所受的外挤力或地层孔隙压力急剧下降，导致套管所受的有效内压力增大；以图 3.5 川南 A 区块某井为例，详细评价环空流体收缩效应对生产套管抗内压强度的影响，此处抗内压安全系数降低。

计算假设条件如下：（1）不考虑轴向应力对抗内压强度的影响；（2）测深 3160m 水泥环缺失，环空流体的初始压力为 35.13MPa（实际地层压力预测值），温度为 100℃；（3）套管所受的内压力为 11# 井段压裂过程的最高泵压 + 压裂液柱压力，忽略沿程压力损耗。

HX-4 井套变位置在 3160m，位于 11#~12# 压裂井段，前段施工最高压力为 67MPa。计算结果可以看出，如果测深 2924m 井段存在环空流体，且不与地层孔隙压力系统连通，随着大排量压裂液的注入，环空流体压力急剧下降，此处抗内压安全系数降低。

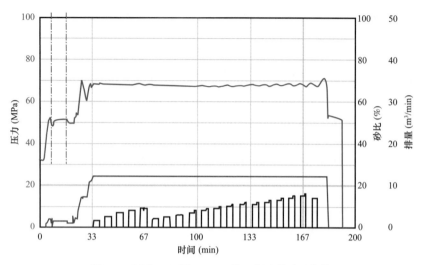

图 3.5　川南 A 区块 HX-4 井 11$^{\#}$ 压裂泵压曲线

3.1.1.3　水平井井眼曲率对生产套管抗内压强度的影响

（1）弯曲应力。

套管处于纯弯曲状态，如图 3.6 所示，则垂直截面上的轴向应力分布满足：

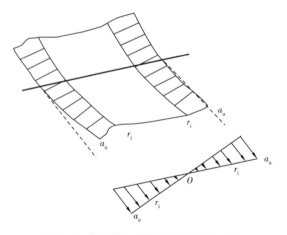

图 3.6　套管弯曲后的截面应力分布图

$$\sigma = \frac{My}{I} \qquad (3.1)$$

式中　　σ——轴向应力，kPa；

I——套管的惯性矩，cm^4；

y——到中性轴的距离，cm；

M——弯矩，kN·m。

$$I = \frac{\pi}{4}\left(r_o{}^4 - r_i{}^4\right) \qquad (3.2)$$

式中　r_i——套管的内径，cm；

　　　r_o——套管的外径，cm。

套管曲率：

$$C_0 = \frac{M}{EI} \qquad (3.3)$$

式中　E——套管的杨氏模量，kPa，$E=206.84 \times 10^6$kPa。

合并上两式，得到：

$$\sigma = EC_0 y \qquad (3.4)$$

设井眼曲率为 C，rad/in，则由 Lubinski 发表的论文（SPE 1543）可得公式：

$$C = C_0 \frac{\tanh(KL)}{KL} \qquad (3.5a)$$

$$K = \sqrt{T/(EI)} \qquad (3.5b)$$

式中　$\tanh(KL)$——KL 的双曲正切；

　　　L——两接箍距离的一半，cm；

　　　T——弯曲井眼下部套管的重量，N；

　　　K——无量纲单位长度。

将后两个方程合并整理，得到以井眼曲率 C 表示的弯曲轴向应力：

$$\sigma = \frac{KL}{\tanh(KL)} ECy \qquad (3.6)$$

其中，C 的常用单位为（°）/100ft，其他变量转换成 SI 单位，于是得到：

$$\sigma = \frac{\pi}{2160 \times 10^6} \times \frac{KL}{\tanh(0.3937KL)} ECy \qquad (3.7)$$

式中　E——钢材杨氏模量，$E=206.84 \times 10^6$kPa；

　　　y——套管外径，cm；

　　　L——套管接头之间的距离的一半，cm；

　　　T——弯曲井眼下部套管的重量，N；

　　　I——套管的惯性矩，cm^4；

　　　C——井眼曲率，（°）/30m；

　　　d——套管通径，cm。

如果在弯曲井眼以下的套管产生的拉力较小，则

$$\frac{KL}{\tanh(KL)} \approx 1 \qquad (3.8)$$

因此，

$$\sigma = \frac{\pi ECy}{2160 \times 10^6} \qquad (3.9)$$

$$\sigma = 243.646Cy \tag{3.10}$$

由上式可知，弯曲套管所受的最大压应力与最大拉应力都位于套管的外表面，且大小相等，方向相反。套管的内表面所受的最大压应力为：

$$\sigma_{a1} = -243.646Cr_i \tag{3.11}$$

上式即为井眼曲率和套管最大轴向内压力的定量关系。

（2）弯曲套管三轴抗内压强度。

假设套管还受到其他原因产生的均匀轴向压应力 σ_{a2}（单位为 kPa），则弯曲井段套管受到的最大压应力为：

$$\sigma_a = \sigma_{a1} + \sigma_{a2} \tag{3.12}$$

式中 σ_a——定向斜井中套管产生的弯曲力，kPa。

已知套管三轴应力条件下的抗内压强度公式为：

$$p_{ba} = p_{bo}\left[\frac{r_i^2}{\sqrt{3r_o^4 + r_i^4}}\left(\frac{\sigma_a + p_o}{Y_p}\right) + \sqrt{1 - \frac{3r_o^4}{3r_o^4 + r_i^4}\left(\frac{\sigma_a + p_o}{Y_p}\right)^2}\right] \tag{3.13}$$

式中 p_{ba}——三轴抗内压强度，MPa；

p_{bo}——抗内压强度，MPa；

p_o——套管外表面压力，MPa；

Y_p——管材屈服强度，MPa。

由此得到，

$$p_{ba} = p_{bo}\left[\frac{r_i^2}{\sqrt{3r_o^4 + r_i^4}}\left(\frac{-24.3646Cr_i + \sigma_{a2} + p_o}{Y_p}\right) + \sqrt{1 - \frac{3r_o^4}{3r_o^4 + r_i^4}\left(\frac{-24.3646Cr_i + \sigma_{a2} + p_o}{Y_p}\right)^2}\right] \tag{3.14}$$

上式即为套管抗内压强度与井眼曲率、轴向压力和套管外表面压力之间的定量关系式。

（3）抗内压强度的影响因素分析。

从表 3.1 中可以看出井眼曲率与三轴抗内压强度的关系，井眼曲率每增加 10°，抗内压强度降低 1%；套管外压力与三轴抗内压强度的关系，外压力每增加 10MPa，套管抗内压强度增加 0.5%；轴向压力与三轴抗内压强度的关系，每增加 10MPa 的压力，抗内压强度降低 1%（见图 3.7、图 3.8、图 3.9）。

表 3.1　等效外挤力公式参数表

序号	p_{bo}（MPa）	p_o（MPa）	Y_p（MPa）	r_i（mm）	r_o（mm）	σ_{a2}	C［(°) /30m］	ρ_{min}（g/cm³）
1	102.5	0	536	5.14	6.35	0	—	1.18
2	102.5	—	536	5.14	6.35	0	0	
3	102.5	0	536	5.14	6.35	—	5	

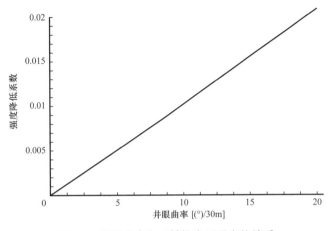

图 3.7 井眼曲率与三轴抗内压强度的关系

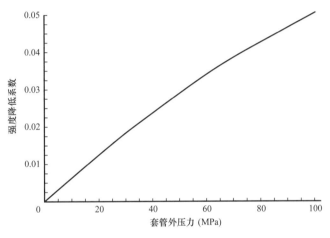

图 3.8 套管外压力与三轴抗内压强度的关系

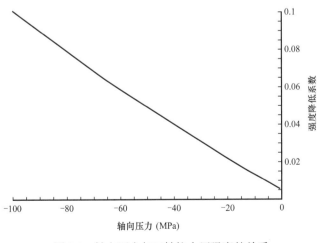

图 3.9 轴向压力与三轴抗内压强度的关系

3.1.1.4 水平井生产套管下入摩阻对抗内压强度的影响

（1）下套管阻力模型的建立。

建立如图 3.10 所示的大地笛卡儿坐标系（O，N，E，H）和任意一点的 Frenet 标架（r，e_1，e_2，e_3），并选取一段井眼微元 ds。其中，T 表示微元的内力；F 表示微元所受的外力合力，包括重力 F_g、支撑力 N、摩擦力 F_m、钻井液黏滞力 F_n。

① 基本计算模型。

为了简化计算模型，便于利用差分方程进行求解，进行了以下 6 项基本假设：

井眼与套管只有在套管本体处能刚性接触，套管初始轴线井眼中心线相重合，忽略接箍的作用；模型考虑了套管自重、浮力、钻井液黏滞力、套管与井眼的摩擦、套管的屈曲（包括螺旋屈曲和正弦屈曲）；由于套管较软，采用经典的三维软杆模型；井眼轨迹采用斜面圆弧法进行一次插值，以降低离散轨迹数据带来的误差；摩擦系数参考以往钻具与井壁的摩擦极限系数：0.25～0.3。

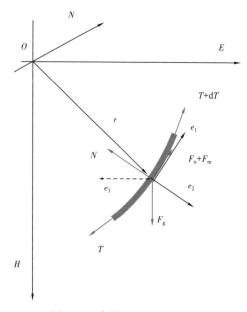

图 3.10 套管微元受力分析图

忽略套管的动力效应，由微元 ds 的静力学平衡关系得：

$$dT+N+F_n+F_m+F_g=0 \tag{3.15}$$

将 T、F_g、N、F_m 和 F_n 分别向 Frenet 标架（r，e_1，e_2，e_3）投影得，

$$T=T_1e_1+T_2e_2+T_3e_3 \tag{3.16}$$

$$F_g=g_1e_1+g_2e_2+g_3e_3 \tag{3.17}$$

$$N=N_2e_2+N_3e_3 \tag{3.18}$$

$$F_m=f_1e_1+f_2e_2+f_3e_3 \tag{3.19}$$

$$F_n = F_1e_1 + F_2e_2 + F_3e_3 \qquad (3.20)$$

联立公式计算得到 e_1 轴的静力平衡方程式：

$$\frac{\mathrm{d}T_1}{\mathrm{d}s} = -g_1 - f_1 - F_1 \qquad (3.21)$$

② 钻井液黏滞力的计算。

由于套管的注入运动，引起与套管接触部分的钻井液运动，从而诱发剪切力，导致钻井液对套管的下入形成黏滞阻力。下面分析黏滞力的计算方法：

套管外壁黏滞力 F_w 示意图如图 3.11 所示。

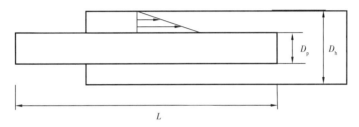

图 3.11　套管外壁黏滞力示意图

以牛顿流体类型为例，由牛顿内摩擦定律可得：

$$\frac{F_w}{A} = \mu \frac{v}{L} \qquad (3.22)$$

代入井眼及套管尺寸参数，即得管外黏滞力：

$$F_w = \pi D_p \times L \times \mu \times \frac{2v}{D_h - D_p} \qquad (3.23)$$

套管内壁黏滞力 F_i 示意图如图 3.12 所示。

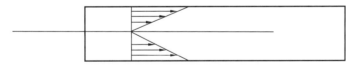

图 3.12　套管内壁黏滞力示意图

类似 F_w 的计算方法，可求得 F_i：

$$F_i = 2\pi \times L \times \mu \times v \qquad (3.24)$$

③ 套管屈曲的判定及侧向力 N 的耦合计算。

在计算过程中需同时判断井眼的屈曲状态，如果发生正弦或螺旋屈曲，则要在侧向力的计算中将屈曲诱发的附加侧向力耦合。

正弦屈曲判定准则：

直井段：

$$F_s = 2.55 \left(EIW_e^2 \right)^{1/3} \qquad (3.25)$$

造斜段：

$$F_s = \frac{4EI}{rR}\left[1+\left(1+\frac{rR^2W_e\sin\theta}{4EI}\right)^{1/2}\right] \quad (3.26)$$

附加侧向力 N_q：

$$N_q = \frac{rT_1^2}{8EI} \quad (3.27)$$

螺旋屈曲判断准则：

直井段：

$$F_s = 5.55\left(EIW_e^2\right)^{1/3} \quad (3.28)$$

造斜段：

$$F_s = \frac{12EI}{rR}\left[1+\left(1+\frac{rR^2W_e\sin\theta}{8EI}\right)^{1/2}\right] \quad (3.29)$$

附加侧向力 N_q：

$$N_q = \frac{rT_1^2}{4EI} \quad (3.30)$$

式中　r——套管与井眼之间的间隙；

　　　R——井眼曲率半径；

　　　W_e——套管的线浮重。

总侧向力的耦合计算如下：

$$N_2 = -k_bT + q\frac{K_a}{K_b}\sin\alpha \quad (3.31)$$

$$N_3 = -q\frac{K_\phi}{K_b}\sin^2\alpha \quad (3.32)$$

$$N = \sqrt{N_2^2 + N_3^2} + N_q \quad (3.33)$$

式中　q——单位长度套管所受重力；

　　　α——井斜角。

（2）模型的求解过程与边界条件设定。

建立的上述计算模型可采用有限差分的方式来求解，将套管从底部到井口进行单元划分，并设定引鞋部分的套管单元编号为1，共划分了 n 个单元。对于第 i 个单元构造如下的软杆模型向前差分格式，由引鞋处开始差分（边界条件 $T=WM$，WM 为引鞋处的阻力），一直计算到井口（见图 3.13）。

$$\frac{T_{1,i}-T_{1,i-1}}{\Delta s} = -g_{1,i} - f_{1,i} - F_{1,i} \quad (3.34)$$

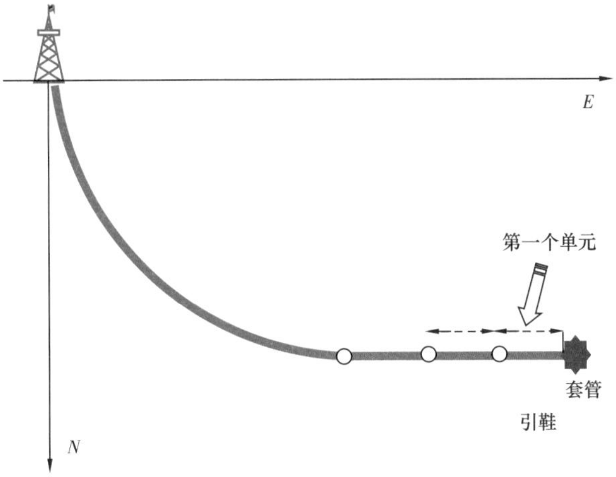

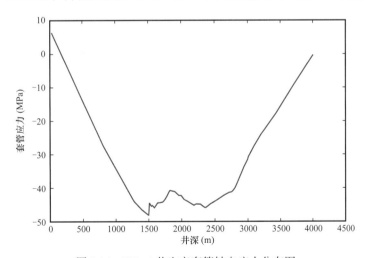

图 3.13　有限差分法单元划分示意图

摩阻的计算仅需考虑连续下入过程的工况，具体的边界条件设定为：套管下入过程中引鞋处的阻力为 0。

（3）影响评价分析。

以图 3.14 中 HX-4 井为例，考虑到现场下入过程艰难，ϕ127mm 生产套管摩阻计算假设如下：（1）摩擦阻力系数待定；（2）套管全部下入后井口无钩载；（3）套管下入速度 3m/min；（4）钻井液密度 1.8g/cm³。利用以上软杆模型进行套管下入摩阻计算，测深 2924m 处套管承受 35.25MPa 的压应力，由生产套管双轴抗内压强度计算公式可得抗内压强度由 102.5MPa 降为 100MPa，降低比值为 2.4%。套管下入过程具体压应力结果如图 3.14 所示。

图 3.14　HX-4 井生产套管轴向应力分布图

3.1.1.5　水平井井眼曲率对生产套管抗外挤强度的影响

一般情况下，井眼弯曲产生轴向拉力，导致套管抗挤强度降低。通过对 ϕ139.7mm 套管在弯曲井眼中抗挤强度的计算发现，在曲率较大时，套管的抗外挤强度显著下降。

基于弯曲梁理论建立弯曲套管拉应力计算模型：

$$\sigma = \frac{\pi EDC}{360 \times 30 \times 100} \qquad (3.35)$$

式中　σ——套管拉应力，kPa；

　　　　E——弹性模型，kPa；

　　　　D——套管外径，cm；

　　　　C——井眼曲率，（°）/30m。

由拉梅公式和 Mises 方程可求的三维应力状态套管的抗外挤压力计算公式：

$$p_{ca} = p_{co} \left[\sqrt{1 - 0.75 \frac{(S_a + p_i)^2}{Y_p^2}} - 0.5(S_a + p_i)/Y_p \right] \qquad (3.36)$$

式中　p_{ca}——三维应力状态下的挤毁压力，kPa；

　　　　p_{co}——无轴向力作用下的挤毁压力，kPa；

　　　　S_a——轴向拉升应力，kPa；

　　　　p_i——套管内压力，kPa；

　　　　Y_p——套管屈服强度。

下面以 ϕ139.7mm 套管为例，计算井眼曲率对套管抗挤压力的影响。具体参数为：套管壁厚 11.75mm；E 为 206×10^6 kPa；套管内压力为 22000kPa；套管屈服强度为 758MPa。具体计算结果如表 3.2 和图 3.15、图 3.16 所示。计算结果表明：井眼曲率对套管抗外挤强度影响显著，井眼曲率为 5°/30m 时套管抗挤强度降低 4.64%；井眼曲率为 12°/30m 时套管抗挤强度降低 9.85%。

表 3.2　井眼曲率大小对 ϕ139.7mm 套管抗外挤强度的影响

井眼曲率［（°）/30m］	抗挤强度（MPa）	降低比值（%）
0	121	0
2	117.81	2.71
5	115.63	4.64
7	114.12	6.03
9	112.56	7.50
12	110.15	9.85
15	107.64	12.41

3.1.1.6　井筒降温对套管抗外挤强度的影响

页岩气水平井大排量压裂过程中，井筒温度会急剧下降，尤其是在轨迹 A 点附近下降值达 80℃，温度的急剧降低导致套管收缩，相应拉应力升高。降温条件下套管拉应力

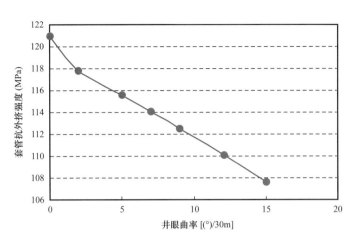

图 3.15 ϕ139.7mm 套管抗外挤强度与井眼曲率的关系

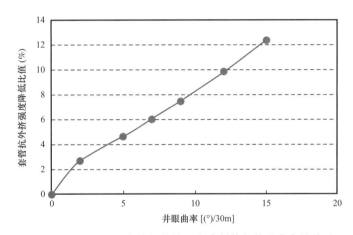

图 3.16 ϕ139.7mm 套管抗外挤强度降低值与井眼曲率的关系

的计算公式如下：

$$\sigma_t = \alpha \Delta t E \tag{3.37}$$

式中 α——套管热膨胀系数，对于钢材为 $12.45 \times 10^{-6}/℃$；

Δt——温度变化值，℃；

E——弹性模量，$E = 206.84 \times 10^6 \text{kPa}$。

下面仍以 ϕ139.7mm 套管为例，分析降温对套管抗外挤强度的影响。以 HX-4 井的冬天压裂施工为计算实例，套管温度下降值为 83℃。按照以上降温产生的拉应力计算公式及三维抗外挤强度计算公式，可得温度变化对套管抗外挤的影响，温度降低 83℃ 后套管抗外挤强度降低 19.16%，即由 121MPa 降低至 97.82MPa（如图 3.17、图 3.18 所示）。

3.1.1.7 分段压裂施工工艺对套管抗外挤强度的影响

页岩气水平井均采用了快速可钻式桥塞完井管柱，从套管内注入携砂压裂液，不下入压裂管柱。由于长宁—威远区块地层原始裂缝比较发育，如果分段压裂过程中压裂裂缝与地层原始大裂缝贯通，随着桥塞的坐封，ϕ127mm 生产套管管外将一直承受高压状态，其压力值为桥塞坐封时的井底压力如图 3.19 所示。

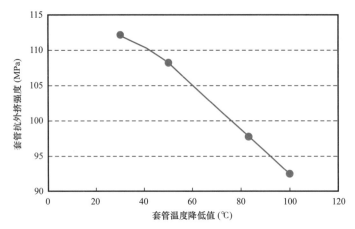

图 3.17　套管温度变化对抗外挤强度的影响

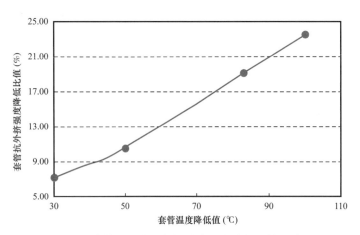

图 3.18　套管温度变化与抗外挤强度降低比值的关系

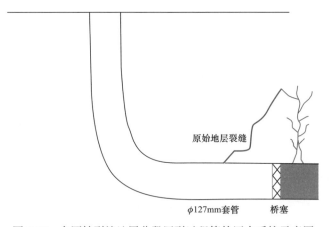

图 3.19　含原始裂缝地层分段压裂过程管外压力系统示意图

生产套管管外封隔的高压流体是导致套管抗外挤强度不足的一个主要因素。极端情况是桥塞坐封后，井口流体反排出一部分或下油管钻塞过程井口压力控制太小等，此时生产套管承受的最大有效外挤压力可表示为如下公式：

$$\left(p_{e}\right)_{max} = p_{e} - p_{i} \qquad (3.38)$$

式中　$\left(p_{e}\right)_{max}$——最大有效外挤压力，MPa；

　　　p_{e}——管外高压流体压力，MPa；

　　　p_{i}——管内液体液柱静液压力，MPa。

3.1.1.8　川南 A 区块多因素耦合条件下套管强度校核

对川南 A 区块多因素耦合条件下套管强度校核，在以上的页岩气井套管受力分析模型中，与常规的生产套管设计相比，环空流体的收缩产生的局部附加内压力、套管弯曲对抗内压和抗外挤强度的影响、大排量压裂致井筒降温产生的轴向拉力、分段压裂施工在管外形成的超高压流体等四种载荷是导致页岩气水平井套变的主要因素。基于以上套变机理模型，对川南 A 区块套变井进行了载荷耦合分析，完成单井抗内压和抗外挤强度的校核。

HX-4 井第 11 段压裂最高泵压 67MPa，3160m 处预测套管内压力为 95.98MPa；3160m 处预测套管外封隔高压压裂液有效外压力为 67MPa。HX-4 井 ϕ139.7mm 生产套管多因素耦合条件下套变计算结果如图 3.20 所示。从图中可以看出考虑 2924m 处环空流体收缩效应后，该位置套管的圆螺纹抗内压强度已不能满足要求。

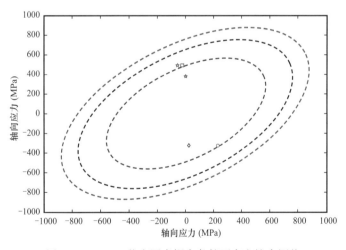

图 3.20　HX-4 井多因素耦合条件下套变综合评价

线型说明：红线为套管的最小屈服强度包络线，黑线为 $0.875Y_p$ 包络线，用于计算 API 套管本体抗内压强度，蓝色虚线为套管圆螺纹最小抗内压值等效 Y_p；蓝色星为 2924m 处原始抗内压设计值，红色四方框为考虑环空收缩和套管弯曲后的抗内压校核值，红色五角星为考虑环空收缩、套管弯曲、套管摩阻后的抗内压校核值，菱形为考虑弯曲应力后的抗外挤校核值，红色圆为考虑弯曲应力和套管降温效应的抗外挤校核值。以下全部实例图形均与此标记定义一致。

3.1.2 弱面滑移模型

分析在压裂过程中，页岩气储层沿断层或天然裂缝发生滑移的机理模型，通过建立地层裂缝受力模型，并应用复变函数理论对模型求解，定量描述页岩气水平井在水力压裂过程中地层发生滑移的滑移量。

3.1.2.1 数学—力学模型

（1）理论假设。

为了便于分析地层中裂缝附近的应力场和位移场，作出了以下假设：裂缝为垂直裂缝；地层均质各向同性；裂缝变形是线弹性的；不考虑流体与裂缝间的作用。

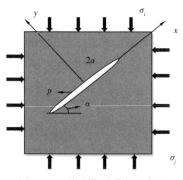

图 3.21　裂缝模型受力示意图

（2）模型与边界条件。

对于天然裂缝，采取如图 3.21 所示的物理模型：假设无限大平板中央存在一条与水平方向夹角为 α 的穿透性裂缝，半长为 a，裂缝内流体压力为 p，在无穷远处，受到 σ_i、σ_j 的作用，取压应力为正。

为了方便计算，可以将该问题的模型进行转化，所求地层裂缝模型可以视为两部分的叠加，即 I 型裂缝和 II 型裂缝模型的叠加，分解示意图如图 3.22 所示。根据应力分量转换公式 $[\alpha'] = [\beta][\sigma][\beta]^{\mathrm{T}}$，可以求出分解模型受到的横向应力、纵向应力和剪切应力。

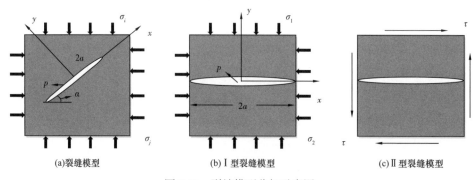

(a)裂缝模型　　　(b)I 型裂缝模型　　　(c)II 型裂缝模型

图 3.22　裂缝模型分解示意图

由应力分量转换公式得：

$$\begin{bmatrix} \sigma_1 & \sigma_{xy} \\ \sigma_{xy} & \sigma_2 \end{bmatrix} = \begin{bmatrix} \cos\alpha & \sin\alpha \\ -\sin\alpha & \cos\alpha \end{bmatrix}\begin{bmatrix} \sigma_i & 0 \\ 0 & \sigma_j \end{bmatrix}\begin{bmatrix} \cos\alpha & -\sin\alpha \\ \sin\alpha & \cos\alpha \end{bmatrix}$$
$$= \begin{bmatrix} \sigma_i\cos^2\alpha + \sigma_j\sin^2\alpha & (\sigma_j - \sigma_i)\sin\alpha\cos\alpha \\ (\sigma_j - \sigma_i)\sin\alpha\cos\alpha & \sigma_i\sin^2\alpha + \sigma_j\cos^2\alpha \end{bmatrix}$$

（3.39）

即求得：

$$\sigma_1 = \sigma_i \cos^2\alpha + \sigma_j \sin^2\alpha \qquad (3.40)$$

$$\sigma_2 = \sigma_i \sin^2\alpha + \sigma_j \cos^2\alpha \qquad (3.41)$$

$$\tau = \tau_{xy} = \sigma_{xy} = (\sigma_j - \sigma_i)\sin\alpha\cos\alpha \qquad (3.42)$$

其中，Ⅰ型裂缝模型［见图 3.22（b）］的边界条件为：

在裂缝面上，在 $y=0$，$|x| \leqslant a$ 处，$\sigma_{yy}=p$，$\tau_{xy}=0$；

无穷远处，$\sigma_{yy} \rightarrow \sigma_1$，$\sigma_{xx} \rightarrow \sigma_2$，$\tau_{xy} \rightarrow 0$。

Ⅱ型裂缝模型［见图 3.22（c）］的边界条件为：

在裂缝面上，在 $y=0$，$|x| \leqslant a$ 处，$\sigma_{yy}=\tau_{xy}=0$；

无穷远处，$\sigma_{xx} \rightarrow 0$，$\sigma_{yy} \rightarrow 0$，$\tau_{xy} \rightarrow \tau$。

3.1.2.2 复变函数理论求解裂缝模型的应力及位移解

（1）复变函数基础理论。

求解该模型需要应用复变函数法，该方法产生于 18 世纪，瑞士数学家欧拉在一篇论文中阐述了由复变函数的积分导出的两个方程。19 世纪后，欧拉导出的上述两个方程在柯西和黎曼研究流体力学时，作出了更加详细的研究和阐述，所以后来这两个方程也叫作"柯西—黎曼条件"。复变函数理论在 19 世纪有了全面的发展和丰富的应用，并且被当时的数学家们公认为是数学理论中最丰饶的一条分支，也被誉为抽象科学中最和谐的理论之一。

1909 年，俄罗斯数学家、力学家 Kolosov 将复应力函数应用于解决二维弹性的静力学问题，他应用这一理论求解了在外力作用下的带有椭圆形孔的无限大薄板的力学模型。1910 年，Kolosov 又在他的论文集中对复变函数方法求解弹性力学问题作出了系统详细的阐述，并给出了没有外力作用下的复位移和复应力公式：

$$2G(u+iv) = \frac{3-u}{1+u} + \phi(z) - \overline{z\phi'(z)} - \overline{\psi'(z)} \qquad (3.43)$$

$$\sigma_x + \sigma_y = 4\operatorname{Re}\phi(z) \qquad (3.44)$$

$$\sigma_y - \sigma_x + 2i\tau_{xy} = 2\left[\overline{z}\Phi'(z) + \phi(z)\right] \qquad (3.45)$$

其中，$\phi(z)$ 和 $\psi'(z)$ 是 $z=x+iy$ 的全纯函数，$\phi(z)=\phi'(z)$，$\phi(z)=\psi(z)$。

1933 年，Muskhelishvili 在 Kolosov 的研究基础之上，出版了专著《数学弹性力学的几个基本问题》，此书较为全面地阐述了弹性力学平面问题的复变函数解法并概括了当时关于复变函数理论的许多新的研究成果。Muskhelishvili 的工作为数学界和工程领域所接受，也吸引了许多人加入此项工作的研究中。19 世纪 70 年代，英国学者 A.H.England 对复变函数法的研究取得了新的突破，在他的《弹性理论中的复变函数法》著作中，系统地介绍了线弹性平面应变和应力边值问题的复变函数解法理论，其中包括了平面、半平面问题、圆形边界区域及通过保角映射求解曲线边界区域等问题的求解方法，这为后来复变函数理论的广泛应用奠定了基础。A.H.England 还开展了关于各向同性不均匀板问题的复变函数解法研究，指出了用常规解法求解各向同性不均匀板时可能会遇到的问题，并一一提出了应用复变函数法解决这些问题的思路和方法，他的研究成果一直沿用至今。复变函数法在 20 世纪 50 年代引入我国，著名数学家路见可教授对其在国内的发展和应用做出了很大的贡献。

（2）Ⅰ型裂缝模型的应力和位移全场解。

该地层模型在用极坐标计算无限大板中心裂缝的应力和位移场时，可以将其视为远场力作用下的裂缝周围应力和位移场、裂缝附加应力和位移场两部分叠加而成。分别求出两个模型的应力和位移的全场解叠加就得到了Ⅰ型裂缝的全场应力和位移解。Ⅰ型裂缝模型可以做如图 3.23 所示分解：

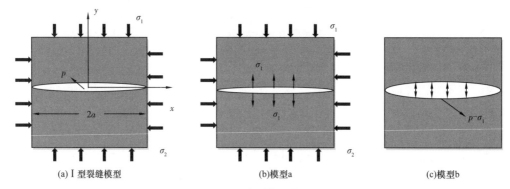

(a) Ⅰ型裂缝模型　　　　　　(b) 模型 a　　　　　　(c) 模型 b

图 3.23　Ⅰ型裂缝模型分解示意图

模型 a［见图 3.23（b）］为远场应力作用下的裂缝应力场和位移场，边界条件为：在裂缝面上，在 $y=0$，$|x| \leqslant a$ 处，$\sigma_{yy} \rightarrow \sigma_1$，$\sigma_{xx} = \tau_{xy} = 0$；无穷远处，$\sigma_{xx} \rightarrow \sigma_1$，$\sigma_{yy} \rightarrow \sigma_2$，$\tau_{xy} \rightarrow 0$。

该裂缝模型的应力和位移的全场解表达式如下：

$$\begin{cases} \sigma_{xx} = \sigma_2 \\ \sigma_{yy} = \sigma_1 \\ \tau_{xy} = 0 \end{cases} \tag{3.46}$$

$$\begin{cases} u_x = \dfrac{1}{E}(\sigma_1 - \mu\sigma_2) \\ u_y = \dfrac{1}{E}(\sigma_1 - \mu\sigma_2) \end{cases} \tag{3.47}$$

式中　E——弹性模量，MPa；

　　　u_x——横向位移；

　　　u_y——纵向位移；

　　　μ——泊松比。

模型 b［见图 3.23（c）］为裂缝附加应力和位移场，该模型可以进行如下分解，如图 3.24 所示：

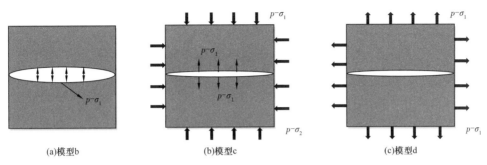

(a)模型b　　　　　　　(b)模型c　　　　　　　(c)模型d

图 3.24　模型分解示意图

对于模型 c［见图 3.24（b）］，边界条件为：在裂缝面上，在 $y=0$，$|x| \leqslant a$ 处，$\sigma_{yy} \rightarrow p-\sigma_1$，$\sigma_{xx}=\tau_{xy}=0$；无穷远处，$\sigma_{xx} \rightarrow p-\sigma_1$，$\sigma_{yy} \rightarrow p-\sigma_1$，$\tau_{xy} \rightarrow 0$。

该裂缝模型的应力和位移的全场解表达式如下：

$$\begin{cases} \sigma_{xx}=p-\sigma_1 \\ \sigma_{yy}=p-\sigma_1 \\ \tau_{xy}=0 \end{cases} \tag{3.48}$$

$$\begin{cases} u_x = \dfrac{1}{E}\left(1-\mu\right)\left(p-\sigma_1\right) \\ u_y = \dfrac{1}{E}\left(1-\mu\right)\left(p-\sigma_1\right) \end{cases} \tag{3.49}$$

对于模型 d［见图 3.24（c）］，边界条件为：在裂缝面上，在 $y=0$，$|x| \leqslant a$ 处，$\sigma_{yy}=\sigma_{xx}=\tau_{xy}=0$；无穷远处，$\sigma_{xx} \rightarrow p-\sigma_1$，$\sigma_{yy} \rightarrow p-\sigma_1$，$\tau_{xy} \rightarrow 0$。

选取如下解析函数：

$$Z_1(z)=\frac{pz}{\sqrt{z^2-a^2}} \tag{3.50}$$

不难验证，应力函数 Z_1（z）可以满足全部边界条件，应力和位移的全场解表达式如下：

$$\begin{cases} \sigma_{xx}=\operatorname{Re}Z_1 - y\operatorname{Im}Z_1' +2A \\ \sigma_{yy}=\operatorname{Re}Z_1+y\operatorname{Im}Z_1' \\ \tau_{xy}=-y\operatorname{Re}Z_1' \end{cases} \tag{3.51}$$

$$\begin{cases} 2Ku_x = \dfrac{\kappa-1}{2}\operatorname{Re}\tilde{Z}_1 - y\operatorname{Im}Z_1 + \dfrac{1}{2}\left(\kappa+1\right)A_x \\ 2Ku_y = \dfrac{\kappa+1}{2}\operatorname{Im}\tilde{Z}_1 - y\operatorname{Re}Z_1 - \dfrac{1}{2}\left(\kappa-3\right)A_y \end{cases} \tag{3.52}$$

式中　Z_1——Ⅰ型裂缝模型的 Westergaard 函数；

　　　K——剪切应变模量，$K = \dfrac{E}{2\left(1+\mu\right)}$；

κ——Kolosovl 常数，$\kappa=3-4\mu$。

为方便计算，建立如图 3.25 所示的极坐标系。

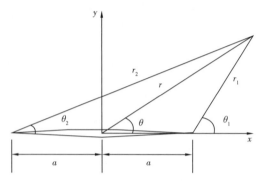

图 3.25　极坐标系下的转换

则任意一点 z 可用极坐标表示为，

$$\begin{cases} z=re^{i\theta} \\ z-a=r_1e^{i\theta_1} \\ z+a=r_2e^{i\theta_2} \end{cases} \tag{3.53}$$

在极坐标系下，解析函数 Z_1 变换成如下形式：

$$Z_1(z)=\frac{pz}{\sqrt{z^2-a^2}}=\frac{pr}{\sqrt{r_1r_2}}\exp\left[i\left(\theta-\frac{\theta_1+\theta_2}{2}\right)\right] \tag{3.54}$$

$$\begin{aligned} Z_1'(z)&=\frac{p}{\sqrt{z^2-a^2}}-\frac{pz^2}{\left(z^2-a^2\right)^{3/2}}=-\frac{pa^2}{\left(z^2-a^2\right)^{3/2}} \\ &=-\frac{pa^2}{\left(r_1r_2\right)^{3/2}}\exp\left[-i\frac{3}{2}\left(\theta_1+\theta_2\right)\right] \end{aligned} \tag{3.55}$$

由上面两个函数可以得到：

$$\operatorname{Re}Z_1=\frac{pr}{\sqrt{r_1r_2}}\cos\left(\theta-\frac{\theta_1+\theta_2}{2}\right) \tag{3.56}$$

$$\operatorname{Re}Z_1'=\frac{-pr}{\left(r_1r_2\right)^{3/2}}\cos\frac{3}{2}\left(\theta_1+\theta_2\right) \tag{3.57}$$

$$\operatorname{Im}Z_1'=\frac{pr}{\left(r_1r_2\right)^{3/2}}\sin\frac{3}{2}\left(\theta_1+\theta_2\right) \tag{3.58}$$

即该模型的应力和位移全场解为：

$$\sigma_{xx}=\operatorname{Re}Z_1-y\operatorname{Im}Z_1'=\frac{pr}{\sqrt{r_1r_2}}\left[\cos\left(\theta-\frac{\theta_1+\theta_2}{2}\right)-\frac{a^2\sin\theta}{r_1r_2}\sin\frac{3}{2}\left(\theta_1+\theta_2\right)\right] \tag{3.59}$$

同理可求得 σ_{yy} 和 τ_{xy}，即：

$$\begin{cases} \sigma_{xx} = \dfrac{pr}{\sqrt{r_1 r_2}} \left[\cos\left(\theta - \dfrac{\theta_1+\theta_2}{2}\right) - \dfrac{a^2 \sin\theta}{r_1 r_2} \sin\dfrac{3}{2}(\theta_1+\theta_2) \right] \\[4mm] \sigma_{yy} = \dfrac{pr}{\sqrt{r_1 r_2}} \left[\cos\left(\theta - \dfrac{\theta_1+\theta_2}{2}\right) - \dfrac{a^2 \sin\theta}{r_1 r_2} \sin\dfrac{3}{2}(\theta_1+\theta_2) \right] \\[4mm] \tau_{xy} = \dfrac{\sigma_2 a^2 r \sin\theta}{(r_1 r_2)^{3/2}} \left[\cos\dfrac{3}{2}(\theta_1+\theta_2) \right] \end{cases} \tag{3.60}$$

$$\begin{cases} u_x = p\sqrt{r_1 r_2}\, \dfrac{\kappa-1}{4K} \cos\dfrac{1}{2}(\theta_1+\theta_2) - \dfrac{pr^2 \sin\theta}{2K\sqrt{r_1 r_2}} \sin\left(\theta - \dfrac{\theta_1+\theta_2}{2}\right) \\[4mm] u_y = p\sqrt{r_1 r_2}\, \dfrac{\kappa+1}{4K} \sin\dfrac{1}{2}(\theta_1+\theta_2) - \dfrac{pr^2 \sin\theta}{2K\sqrt{r_1 r_2}} \cos\left(\theta - \dfrac{\theta_1+\theta_2}{2}\right) \end{cases} \tag{3.61}$$

（3）Ⅱ型裂缝模型的应力和位移全场解。

Ⅱ型裂缝模型为剪切应力作用下的裂缝周围应力场和位移场，该模型的边界条件为：在裂缝面上，有 $y=0$，$|x| \leqslant a$ 处，$\sigma_{yy}=\tau_{xy}=0$；在无穷处，有 $\sigma_{xx} \to 0$，$\sigma_{yy} \to 0$，$\tau_{xy} \to \tau$。

选取Ⅱ型裂缝的 Westergaard 函数 $Z_{\text{Ⅱ}}(z)$ 进行求解：

$$Z_{\text{Ⅱ}}(z) = \frac{\tau z}{\sqrt{z^2 - a^2}} - \tau \tag{3.62}$$

应力函数 $Z_{\text{Ⅱ}}(z)$ 可以满足全部边界条件，应力和位移的全场解表达式如下：

$$\begin{cases} \sigma_{xx} = 2\,\mathrm{Im}\,Z_{\text{Ⅱ}}(z) + y\,\mathrm{Re}\,Z_{\text{Ⅱ}}'(z) \\[2mm] \sigma_{yy} = -y\,\mathrm{Re}\,Z_{\text{Ⅱ}}'(z) \\[2mm] \tau_{xy} = \mathrm{Re}\,Z_{\text{Ⅱ}}(z) - y\,\mathrm{Im}\,Z_{\text{Ⅱ}}'(z) \end{cases} \tag{3.63}$$

$$\begin{cases} 2Ku_x = \dfrac{\kappa+1}{2}\,\mathrm{Im}\,\widetilde{Z_{\text{Ⅱ}}(z)} + y\,\mathrm{Re}\,Z_{\text{Ⅱ}}(z) + \dfrac{\kappa+1}{2}B_x \\[3mm] 2Ku_y = -\dfrac{\kappa-1}{2}\,\mathrm{Re}\,\widetilde{Z_{\text{Ⅱ}}(z)} - y\,\mathrm{Im}\,Z_{\text{Ⅱ}}(z) - \dfrac{\kappa+1}{2}B_y \end{cases} \tag{3.64}$$

可得到应力和位移的全场解为：

$$\begin{cases} \sigma_{xx} = \dfrac{\tau r}{\sqrt{r_1 r_2}} \left[2\sin\left(\theta - \dfrac{\theta_1+\theta_2}{2}\right) - \dfrac{a^2 \sin\theta}{r_1 r_2} \cos\dfrac{3}{2}(\theta_1+\theta_2) \right] \\[4mm] \sigma_{yy} = \dfrac{\tau r}{\sqrt{r_1 r_2}} \left[\cos\left(\theta - \dfrac{\theta_1+\theta_2}{2}\right) - \dfrac{a^2 \sin\theta}{r_1 r_2} \sin\dfrac{3}{2}(\theta_1+\theta_2) \right] \\[4mm] \tau_{xy} = \dfrac{\tau a^2 r \sin\theta}{(r_1 r_2)^{3/2}} \left[\cos\dfrac{3}{2}(\theta_1+\theta_2) \right] \end{cases} \tag{3.65}$$

$$\begin{cases} u_x = \tau\sqrt{r_1 r_2}\left[\dfrac{\kappa+1}{4K}\sin\dfrac{1}{2}(\theta_1+\theta_2)+\dfrac{r^2\sin\theta}{2Kr_1r_2}\cos\left(\theta-\dfrac{\theta_1+\theta_2}{2}\right)\right]-\dfrac{\kappa+1}{4K}\tau r\sin\theta \\[4mm] u_y = -\tau\sqrt{r_1 r_2}\left[\dfrac{\kappa-1}{4K}\cos\dfrac{1}{2}(\theta_1+\theta_2)+\dfrac{r^2\sin\theta}{2Kr_1r_2}\sin\left(\theta-\dfrac{\theta_1+\theta_2}{2}\right)\right]+\dfrac{\kappa+1}{4K}\tau r\cos\theta \end{cases} \quad (3.66)$$

式中 a——裂缝半长，m。

（4）地层裂缝模型的全场应力和位移解。

Ⅰ型裂缝模型和Ⅱ型裂缝模型的应力和位移全场解相叠加则可以得到所求裂缝模型的应力和位移全场解。即上述问题的应力和位移全场解 u_x 和 u_y 为：

$$\begin{cases} \begin{aligned} u_x = &\tau\sqrt{r_1 r_2}\left[\dfrac{\kappa+1}{4K}\sin\dfrac{1}{2}(\theta_1+\theta_2)+\dfrac{r^2\sin\theta}{2Kr_1r_2}\cos\left(\theta-\dfrac{\theta_1+\theta_2}{2}\right)\right]-\dfrac{\kappa+1}{4K}\tau r\sin\theta \\ &+p\sqrt{r_1 r_2}\dfrac{\kappa-1}{4K}\cos\dfrac{1}{2}(\theta_1+\theta_2)-\dfrac{pr^2\sin\theta}{2K\sqrt{r_1r_2}}\sin\left(\theta-\dfrac{\theta_1+\theta_2}{2}\right) \\ &-\dfrac{1}{E}(1-\mu)(p-\sigma_1)-\dfrac{1}{E}(\sigma_1-\mu\sigma_2) \end{aligned} \\[10mm] \begin{aligned} u_y = &-\tau\sqrt{r_1 r_2}\left[\dfrac{\kappa-1}{4K}\cos\dfrac{1}{2}(\theta_1+\theta_2)+\dfrac{r^2\sin\theta}{2Kr_1r_2}\sin\left(\theta-\dfrac{\theta_1+\theta_2}{2}\right)\right]+\dfrac{\kappa+1}{4K}\tau r\cos\theta \\ &+p\sqrt{r_1 r_2}\dfrac{\kappa+1}{4K}\sin\dfrac{1}{2}(\theta_1+\theta_2)-\dfrac{pr^2\sin\theta}{2K\sqrt{r_1r_2}}\cos\left(\theta-\dfrac{\theta_1+\theta_2}{2}\right) \\ &-\dfrac{1}{E}(1-\mu)(p-\sigma_1)-\dfrac{1}{E}(\sigma_1-\mu\sigma_2) \end{aligned} \end{cases} \quad (3.67)$$

3.1.2.3　裂缝面滑移量求解

（1）裂缝面横纵向滑移量。

取 $y=0$，$|x|<a$，在极坐标系中的上下裂缝面各取一组数据代入到 u_x、u_y，当 z 沿着实轴→ $y=0^+$ 时，有 $(x-a)^{1/2}=i\sqrt{a-x}$；当 z 沿着实轴→ $y=0^-$ 时，有 $(x-a)^{1/2}=-i\sqrt{a-x}$。

取 $\theta=180°$，$r=x$，$\theta_1=180°$，$\theta_2=0°$ 可以求得上裂缝面的位移 u_x^+、u_y^+：

$$\begin{cases} u_x^+ = \tau\sqrt{r_1 r_2}\dfrac{\kappa+1}{4K}-\dfrac{1}{E}(1-\mu)(p-\sigma_1)-\dfrac{1}{E}(\sigma_1-\mu\sigma_2) \\[3mm] u_y^+ = -\dfrac{\kappa+1}{4K}\tau x+p\sqrt{r_1 r_2}\dfrac{\kappa+1}{4K}-\dfrac{1}{E}(1-\mu)(p-\sigma_1)-\dfrac{1}{E}(\sigma_1-\mu\sigma_2) \end{cases} \quad (3.68)$$

取 $\theta=-180°$，$r=x$，$\theta_1=-180°$，$\theta_2=0°$ 可以求得下裂缝面的位移 u_x^-、u_y^-：

$$\begin{cases} u_x^- = -\tau\sqrt{r_1 r_2}\dfrac{\kappa+1}{4K}-\dfrac{1}{E}(1-\mu)(p-\sigma_1)-\dfrac{1}{E}(\sigma_1-\mu\sigma_2) \\[3mm] u_y^- = -\dfrac{\kappa+1}{4K}\tau x-p\sqrt{r_1 r_2}\dfrac{\kappa+1}{4K}-\dfrac{1}{E}(1-\mu)(p-\sigma_1)-\dfrac{1}{E}(\sigma_1-\mu\sigma_2) \end{cases} \quad (3.69)$$

则上下裂缝表面的相对位移为：

$$\begin{cases} \Delta u_x = u_x{}^+ - u_x{}^- = \dfrac{\kappa+1}{2K} a\tau \sqrt{1-\left(x/a\right)^2} \\ \Delta u_y = u_y{}^+ - u_y{}^- = \dfrac{\kappa+1}{2K} a\left(p-\sigma_1\right)\sqrt{1-\left(x/a\right)^2} \end{cases} \tag{3.70}$$

式中 Δu_x——裂缝横向位移；

Δu_y——裂缝纵向位移。

同时有：

$$\sigma_1 = \sigma_i \cos^2\alpha + \sigma_j \sin^2\alpha \tag{3.71}$$

$$\tau = \tau_{xy} = \sigma_{xy} = \left(\sigma_j - \sigma_i\right)\sin\alpha\cos\alpha \tag{3.72}$$

所以：

$$\begin{cases} \Delta u_x = u_x{}^+ - u_x{}^- = \dfrac{\kappa+1}{2K} a\left(\sigma_j-\sigma_i\right)\sin\alpha\cos\alpha\sqrt{1-\left(x/a\right)^2} \\ \Delta u_y = u_y{}^+ - u_y{}^- = \dfrac{\kappa+1}{2K} a\left(p-\sigma_i\cos^2\alpha-\sigma_j\sin^2\alpha\right)\sqrt{1-\left(x/a\right)^2} \end{cases} \tag{3.73a}$$

$$K = \frac{E}{2\left(1+\mu\right)} \tag{3.73b}$$

$$\kappa = 3 - 4\mu \tag{3.73c}$$

由上式可得，在裂缝中心处（$x=0$）有最大滑移量，

$$\begin{cases} \Delta u_x = u_x{}^+ - u_x{}^- = \dfrac{\kappa+1}{2K} a\left(\sigma_j-\sigma_i\right)\sin\alpha\cos\alpha \\ \Delta u_y = u_y{}^+ - u_y{}^- = \dfrac{\kappa+1}{2K} a\left(p-\sigma_i\cos^2\alpha-\sigma_j\sin^2\alpha\right) \end{cases} \tag{3.74}$$

式中 K——剪切应变模量，MPa；

a——裂缝半长，m；

κ——Kolosov 常数。

（2）裂缝面横向滑移量的修正。

在地层裂缝的剪切滑移过程中存在摩擦力的变化，滑移的过程中上下裂缝面的接触面形态会发生变化，随着滑移的进行，裂缝面粗糙程度将会降低。Koji Uenish 和 James Rice 曾提出，在广泛应用的摩尔—库伦准则中，摩擦系数是一个固定的值，然而实际的裂缝剪切滑移过程中，随着滑移的进行，裂缝面的尖锐锯齿面可能会被磨平，裂缝面间的摩擦系数降低，摩擦力呈现减小的趋势。此时，裂缝面受到的剪切应力与底层压力相关。

在摩擦滑移的初始阶段，摩擦力和弱面抗剪强度相等，此时摩擦力达到峰值：

$$\tau_p\left(x,\ t\right) = f\left(\sigma_1 - p\left(x,\ t\right)\right) \tag{3.75}$$

式中 f——摩擦系数；

p——裂缝中流体压力。

随着滑移的进行，当滑移量超过临界值时，裂缝面抗剪强度降至残余剪切强度，即：

$$\tau\left(x,t\right)=\begin{cases}\tau_p\left(x,t\right)-Wu\left(x,t\right) & u\leqslant u_c \\ \tau_r & u>u_c\end{cases} \quad (3.76)$$

式中　u——两个裂缝面的相对位移；

　　　W——摩擦力衰减的角度，是由于裂缝面的残余摩擦力；

　　　u_c——滑移临界值。

将 W 视为根据裂缝面状态而定的定值，参数 u_c 由峰值摩擦力和残余摩擦力的差值来确定。

$$u_c=\frac{\tau_p-\tau_r}{W} \quad (3.77)$$

基于剪切膨胀模型和摩擦弱化模型，可以对裂缝的剪切滑移过程进行表征，对裂缝面的横向位移进行修正。

$$\begin{aligned}\Delta u_x'&=\frac{\kappa+1}{2K}a\left\{\tau-f\left[\sigma_1-p\left(x,t\right)\right]\right\}\sqrt{1-\left(x/a\right)^2}\\&=\frac{\kappa+1}{2K}a\left[\left(\sigma_j-\sigma_i\right)\sin\alpha\cos\alpha-f\left(\sigma_i\cos^2\alpha+\sigma_j\sin^2\alpha-p\right)\right]\sqrt{1-\left(x/a\right)^2}\end{aligned} \quad (3.78)$$

从求得的裂缝面位移公式可知，裂缝面的横向位移与地层的岩石的杨氏模量、泊松比、裂缝半长、裂缝倾角、裂缝内流体压力、裂缝面摩擦系数及地应力有关。裂缝面的纵向位移与底层岩石的杨氏模量、泊松比、裂缝半长、裂缝倾角、缝内流体压力及地应力有关。

（3）算例分析。

结合得到的滑移量求解公式，以川南龙马溪组页岩气藏为例，计算裂缝滑移量与泊松比、杨氏模量、流体压力、地应力及裂缝倾角之间的关系。具体参数为岩石力学参数和地层参数，杨氏模量范围为 15～40GPa，泊松比范围为 0.15～0.35，地应力差为 5～15MPa（见表 3.3）。根据裂缝的位移量公式能够计算出该地区龙马溪组页岩层的天然裂缝在压裂液的作用下裂缝的变形和滑移量。

表 3.3　裂缝参数

裂缝半长（m）	20
杨氏模量（MPa）	28
泊松比	0.25
垂向应力（MPa）	50
最小主应力应力（MPa）	40
缝内流体压力（MPa）	60
裂缝倾角（°）	30

裂缝面滑移量与地层岩石泊松比之间的关系如图 3.26 和图 3.27 所示。由图可知，在其他条件一致的情况下，泊松比越小的地层滑移量越大，但泊松比对滑移量的影响极为微弱。

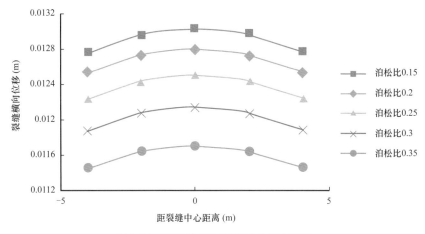

图 3.26　不同泊松比下裂缝的横向位移

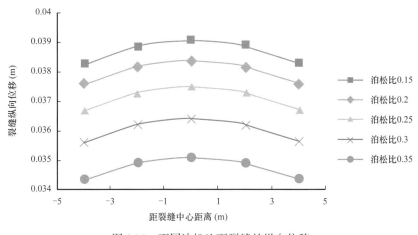

图 3.27　不同泊松比下裂缝的纵向位移

　　裂缝面滑移量与地层岩石杨氏模量之间的关系如图 3.28 和图 3.29 所示。由图可知，随着杨氏模量的增大，裂缝面的滑移量减小。杨氏模量越大，地层岩石的刚度越大，地层不易发生弹性变形，裂缝面所能承受的极限不均匀载荷也越大。此时，裂缝面发生滑移的临界压力越高，滑移量越小。

　　由图 3.30 和图 3.31 可知，裂缝半长与滑移量呈正相关关系，裂缝半长越长，裂缝的滑移量越大，这可能是由于剪切滑移的尺寸效应引起的。Barton 等在研究裂缝的剪切滑移行为时提出，裂缝面的变形错位存在尺寸效应，不同尺寸的岩样在相同的剪切应力作用下变形量存在差别。

　　裂缝的横向位移随着最小主应力和最大主应力的差值增大而增大。如图 3.32 所示，当主应力差值为 5MPa 时，在裂缝中心位置横向位移大约为 0.6cm，当应力差达到 8MPa 时横向位移就能达到厘米级，随着应力差增大，横向位移还会进一步增大。应力差越大表示裂缝面在水平方向和垂直方向的受力越不均匀，在这种情况下，裂缝面更容易沿着裂缝弱面滑移。

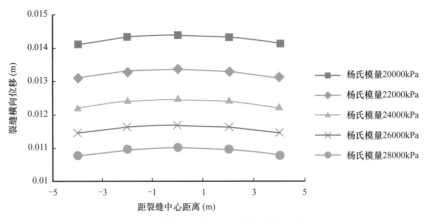

图 3.28　不同杨氏模量下裂缝的横向位移

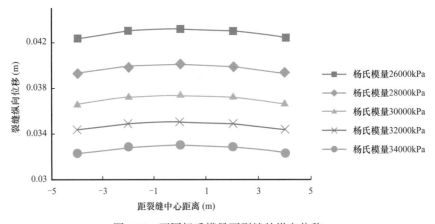

图 3.29　不同杨氏模量下裂缝的纵向位移

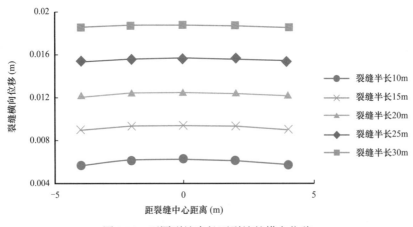

图 3.30　不同裂缝半长下裂缝的横向位移

　　由图 3.33 可知，流体压力越大，裂缝面的纵向位移越大。当注入流体进入天然裂缝内时，可以将裂缝面受到的上覆岩层压力与裂缝面受到的流体压力的差值叫作有效闭合压力。当有效闭合压力为负值时，裂缝面开始被抬升，此时有效闭合压力的绝对值越大，裂缝面的纵向位移越大。

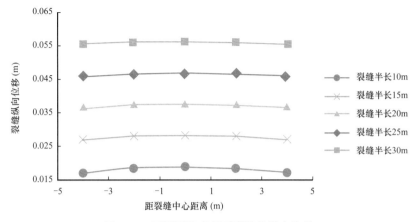

图 3.31　不同裂缝半长下裂缝的纵向位移

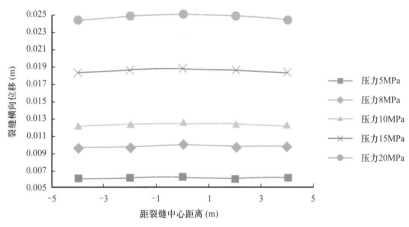

图 3.32　不同应力差下裂缝的横向位移

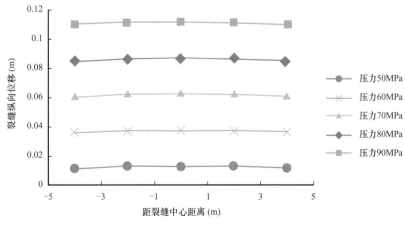

图 3.33　不同压力下裂缝的纵向位移

除此之外，裂缝面的滑移量还受裂缝面摩擦系数的影响，摩擦系数越大，裂缝面发生滑移的临界压力越大。同时，在其他条件一致的情况下，当裂缝面的倾角为45°时，裂缝面的横向滑移量最大，在裂缝面上，裂缝面中心处（$x=0$）的滑移量始终最大。

3.2　压裂致套变有限元数值模拟

套管发生剪切变形的根本原因是地层在弱面位置发生相对滑移，地层滑移形成在水力压裂的过程，地层的应力变化和位移变化受地层因素影响。为得出地层应力与变形规律并分析页岩压裂套变的主控因素，综合考虑天然裂缝、地层层面等地层因素，开展页岩压裂套变的有限元模拟研究。

3.2.1　有限元地质模型建立

通过对地质资料和套管变形规律资料的分析，页岩气水平井体积压裂套管变形过程不仅涉及井眼周围小范围地层，邻井甚至几千米的天然裂缝带、地层层面走向、倾角等实际的地质特征可能都对套管剪切变形有影响。因此，在建立页岩气水平井井眼周围地层的地质模型时还应将尺寸扩大，在现有资料基础上，尽量全面考虑地层其他位置的影响，还原真实地层条件。

页岩气储层龙马溪组目的层地层层面有较大倾角，层面不平整，建立的套变区有限元模型考虑了实际地层的倾斜角，运用地震测试得出的龙马溪组地层等高线，建立地层层面。有限元几何模型层面如图3.34所示。

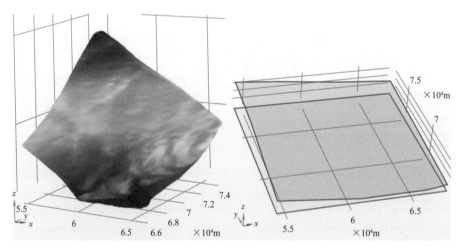

图3.34　龙马溪组目的层层面建立结果

建立龙马溪组页岩层天然裂缝模型，通过地震解释结果可知，页岩气井区富含天然裂缝，天然裂缝带以东北—西南方向走向为主。天然裂缝带的存在对地层的应力和变形的改变存在影响。为此，首先依据天然裂缝分布图，通过自编的图像数字化程序将裂缝区域进行识别。为了简化模型，对部分裂缝区域进行轻微整合，并忽略了部分过小的天然裂缝带。得出的天然裂缝带分布如图 3.35 所示。

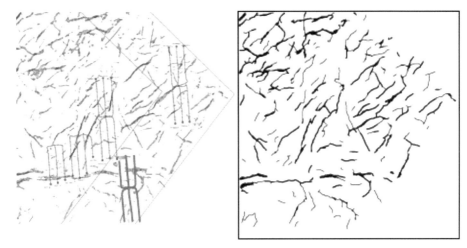

图 3.35 川南 A 区块天然裂缝带分布图及其数字化识别结果

通过裂缝带平面图对裂缝进行拉伸形成裂缝带三维几何模型如图 3.34 所示。形成的裂缝带与龙马溪组目的层平面如图 3.36 所示。

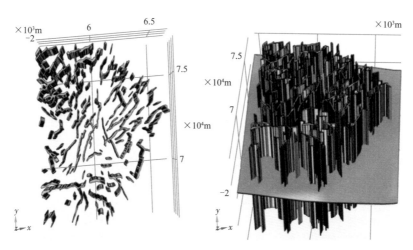

图 3.36 裂缝带与龙马溪组目的层平面缝带三维几何模型

建立的天然裂缝带为直立型，裂缝与龙马溪组目的层层面围成的体积形成地层的天然裂缝带。

Hx-5 井实际共施工 12 段压裂，形成了 12 条人工网状裂缝带，根据压裂过程的微地震事件点分布，从微地震时间相应点分布可确定，水力压裂在地层中形成人工裂缝带，裂缝带水平分布范围经过人为标定后采用自编的图像数值化程序确定 12 条人工裂缝带位置。由于网状裂缝通常假设成水平、垂直相交的裂缝形式，为了简化有限元模型并减小模型不必要的复杂程度，将网状裂缝带考虑成切角六面体形态，形成的裂缝带位置如图 3.37 所示。

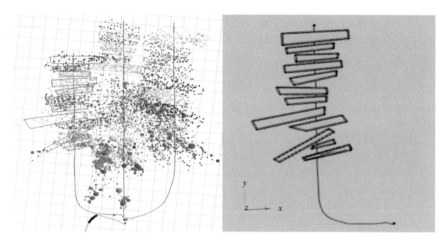

图 3.37　微地震事件点分布与 HX-5 井实际共施工人工网状裂缝带

　　模型整体长度约为 13000m，是人工裂缝带最长边长度 350m 的 37 倍，是最短边 41.14m 的约 320 倍。整体几何模型体积约为 1180km³，而人工裂缝带体积约为 1.2×10^{-3}km³，集中力源范围占总模型体积的百万分之一，使得集中力附近有效网格比例减少，极大影响了有限元计算精准度；从另一角度看，通过提高有限元网格数量来提高精度的方法在现有计算机运算能力下是有限的，无法使裂缝附近网格剖分足够精细。因此，需要通过建立裂缝附近局部细化有限元模型并与整体模型耦合，实现精细计算的目的。

　　压裂邻近区域局部细化模型可继承整体模型在细化模型边界上应力、应变和位移的计算结果，实现应力集中区的各位置应力、应变和位移的进一步精细计算。计算时先计算整体模型，然后将细化模型的边界赋予计算出的各种边界条件继续计算。压裂邻近区域局部细化模型的边界应该尽量避免出现天然裂缝带。选取的精细模型坐标范围为（59153m，67027m，−3000m）～（62313m，69687m，−2000m），x、y、z 方向长度分别从 13566m，12359m 和 7000m 精细到 3160m，2660m 和 2000m，人工网状裂缝附近网格计算精度得到提升。建立形成的压裂邻近区域局部细化模型的几何模型如图 3.38 所示。

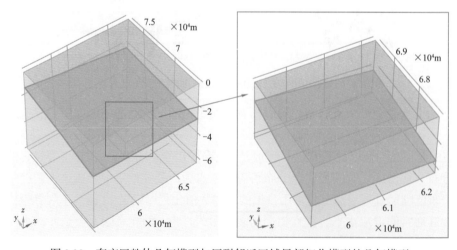

图 3.38　套变区整体几何模型与压裂邻近区域局部细化模型的几何模型

压裂邻近区域局部细化模型中天然裂缝带的方式不适合该裂缝壁面滑移量的精确计算，滑移裂缝附近采用倾斜曲面的方式建立。第 12 段人工网状裂缝带附近存在两组天然裂缝，如图 3.39 所示。其中，位于其下部的裂缝与 HX-5 井有交汇，为了计算压裂过程该裂缝层面发生的相对滑移量，将该裂缝建立成倾斜曲面，以第 12 段压裂为例，地层裂缝位置如图 3.40 所示。

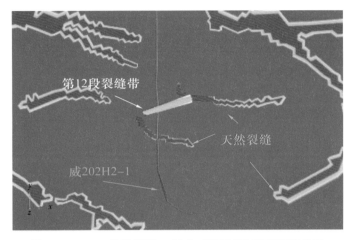

图 3.39　Hx-5 井及其第 12 段人工裂缝带与天然裂缝位置

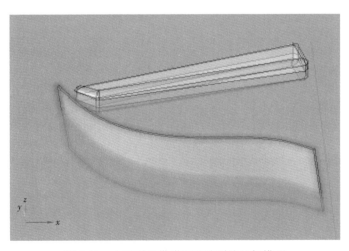

图 3.40　人工裂缝带附近天然裂缝几何模型

有限元网格划分在计算效率、存储空间、精确度这三个方面要有所权衡，在满足求解精度的条件下，尽量使得计算效率高、存储空间小。综合考虑以上因素，对套变区整体几何模型和压裂邻近区域局部细化模型进行了网格剖分，对龙马溪组目的层进行局部加密。网格剖分结果如图 3.41 所示。

在套变区整体模型中，由于天然裂缝带边界的存在使得裂缝带附近网络较密，内部裂缝带的网络剖分结果如图 3.42 所示。

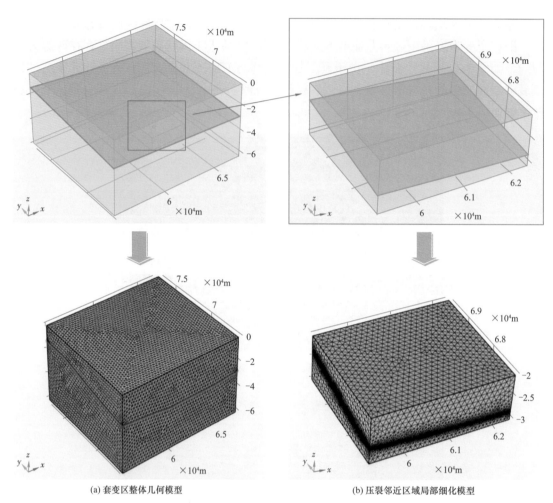

(a) 套变区整体几何模型　　　　　　　　　(b) 压裂邻近区域局部细化模型

图 3.41　套变区整体几何模型与压裂邻近区域局部细化模型网格剖分结果

图 3.42　套变区整体几何模型内部裂缝带的网络剖分效果

套变区整体模型在龙马溪组目的层层面形成的有限元模型如图 3.43 所示。

形成的套变区整体模型完整网格包含 167640 个域单元、22348 个边界元和 2869 个边单元，而压裂邻近区域局部细化模型定型包含完整网格包含 92486 个域单元、18989 个边界元和 1425 个边单元。

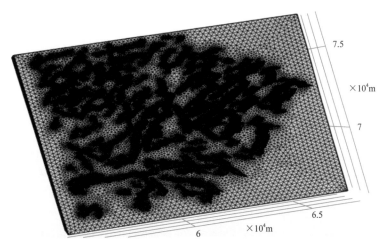

图 3.43 目的层层面形成的有限元模型

3.2.2 地层固体力学模型建立

建立形成几何模型并划分网格后还需建立固体力学模型并开展计算。固体力学模型包括材料参数、初始值、边界条件和约束条件。有限元模型中包含上覆岩层、龙马溪组目的层（共 4 层）、五峰组及底部地层、天然裂缝共 7 种不同物质材料，其力学参数见表 3.4。

表 3.4 各地层的力学参数

岩层名称	杨氏模量（GPa）	泊松比	密度（kg/m³）
上覆岩层	20	0.21	2210
裂缝带	{27, 27, 1}	0.23	2210
龙 1d 层	27	0.23	2300
龙 1c 层	27	0.23	2300
龙 1b 层	27	0.23	2300
龙 1a 层	27	0.23	2300
五峰组及底部地层	30	0.23	2300

地层整体模型垂向应力用重力的方式进行施加，为了尽量减小边界效应，设置如图中黄色的三个外边界为法向方向位移固定，其他的两侧地层施加了 x、y 方向的地质构造力，顶部地面为自由边界，不受外力作用。

压裂邻近区域局部细化模型是地层整体模型的一个局部，其被建立的目的是进一步提高压裂区域附近的力学参数计算精度。其外部轮廓的八个面上的位移、应力、应变均设置成地层整体模型对应面计算出的参数值。如图 3.44 所示。

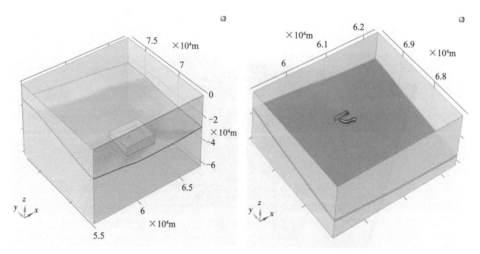

图 3.44 套变区整体模型与裂缝邻近区域局部细化模型的约束边界

两个模型中的人工裂缝带表明设置法向压力为压裂泵注过程的压裂液压力。天然裂缝也并不是一开始就完全断开的，其断开滑移条件使用第二章的剪切破坏断裂条件。对两个模型分别进行计算，地层整体模型的求解自由度为 762472，压裂邻近区域局部细化模型的求解自由度为 376269。

至此，建立形成了页岩气井区水平井井眼周围地层有限元地质模型。通过对该模型计算即可得出体积压裂过程中的地层受力与变形计算结果。运用有限元的方法对以上模型计算方程进行编译，采用迭代方式进行求解，使用 GMRES 求解器和多网格计算方法，预平滑器、后平滑器分别采用 SOR、SORU 求解器，粗化位置采用直接法的 MUMPS 求解器。该方法可提高集中位置受力的模型求解收敛性和求解速度。

计算了压裂前后地层的各方向应力变化情况。得出水力压裂前龙马溪组目的层地层的各向应力如图 3.45 所示。

压裂邻近区域局部细化模型的人工裂缝带附近地层各方向应力如图 3.46 所示。

地层水平最大、最小主应力约为 84MPa、55MPa，垂向应力约为 57MPa，与测井资料符合程度较好。地层中原始应力的变化主要受地层深度变化的影响。

水力压裂形成缝网后，地层应力发生急剧变化，计算结果表明，天然裂缝带附近在水力压裂作用下存在较大的应力差异，应力差异主要来源于弹性模量不同。从纵向应变变化的角度看，水力压裂产生的应力影响范围较大，天然裂缝带对地层的变形具有一定的影响，在有限元计算中应加以考虑。

计算各段压裂在停泵时地层各向应力与位移情况，以套变发生时的第 12 段压裂时的计算结果为例，地层各方向应力如图 3.47 所示。

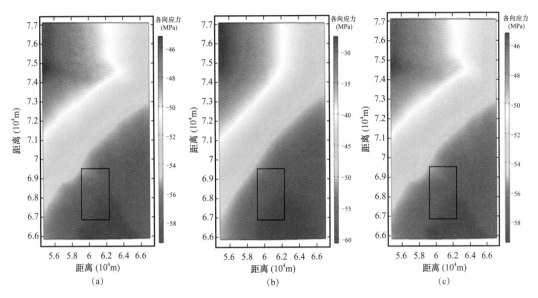

图 3.45　龙 1d 龙 1c 交界面三向应力

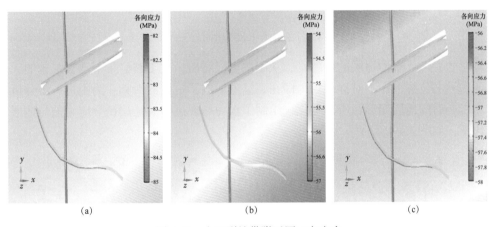

图 3.46　人工裂缝带附近原三向应力

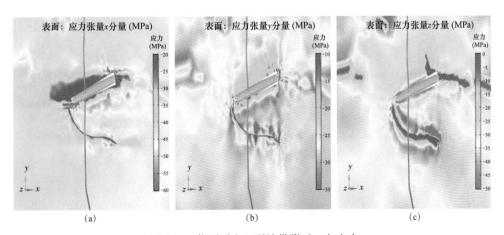

图 3.47　停泵时人工裂缝带附近三向应力

可见，在复杂的地质条件下，地层应力出现较大波动，人工裂缝和天然裂缝附近存在应力集中，天然裂缝附近应力存在不连续的现象。地层应力不连续必然导致地层位移不连续，天然裂缝位移的不连续即形成裂缝相对滑移。

由于天然裂缝与地层铅垂面夹角较小，天然裂缝附近纵向位移量的连续程度可反映天然裂缝滑移量。第 12 段水力压裂过程停泵时地层位移量如图 3.48 所示：

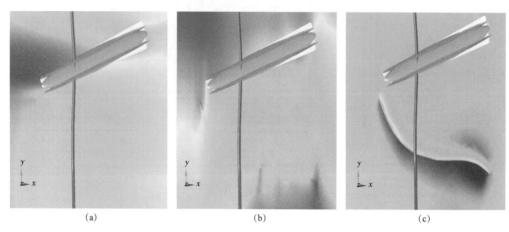

(a)　　　　　　　　　　(b)　　　　　　　　　　(c)

图 3.48　停泵时人工裂缝带附近三向位移

地层的变形体现为地层的位移量，从图中可以看出，人工裂缝带下部被穿越的天然裂缝的两侧纵向位移存在不对称现象，即在裂缝上形成了一定的滑移。为了进一步分析地层在水力压裂后的地层变形和应力变化，绘制了水力压裂过程对地层诱导应力差与地层主应力变化图，如图 3.49 所示。

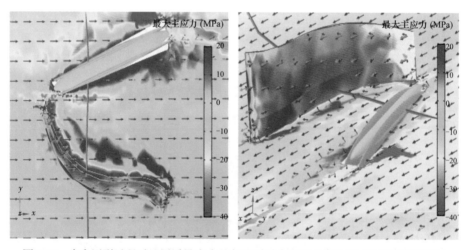

图 3.49　水力压裂过程对地层诱导应力差与地层最大主应力变化图（不同观测角度）

图中天然裂缝面和地层层面颜色为水力压裂产生的诱导应力差（即原地层最小主应力方向的诱导应力与原最大主应力方向的诱导应力之差，其值越大地层应力方向越易转变），红色箭头为压裂后地层主应力方向，灰色箭头为压裂前地层主应力方向。计算结果表明，人工裂缝附近地层应力存在一定范围的变化，裂缝延伸前方主应力存在转向现象，应力由水平方向转为近似垂向。而在天然裂缝上，主应力方向在压裂的影响下也发生改变，总体上向垂向方向旋转。天然裂缝两侧主应力的变化也较大。

绘制压裂前后最小主应力方向，红色箭头表示压裂停泵后地层最小主应力方向，灰色箭头为压裂施工前原始地层最小主应力方向，如图 3.50 所示。

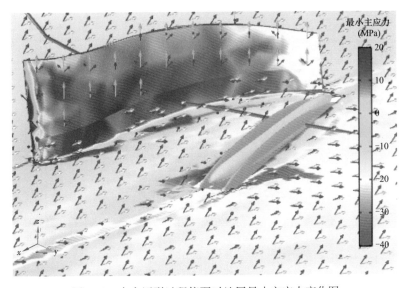

图 3.50 水力压裂过程停泵时地层最小主应力变化图

计算结果表明，由于水力压裂泵压较大，人工裂缝带周围较远范围内地层受挤压后地层水平应力总体增加，除人工裂缝带边缘，地层因总体受压，水平应力增大，地层垂向应力因小于水平地应力发生转向。地层最小主应力方向大多数向垂向方向转化。在天然裂缝壁面上，最小主应力也同样存在变化。天然裂缝两侧最小主应力的转角同样存在一定的差异。

天然裂缝两侧壁面位移量差的平方和的算术平方根即为壁面上的相对滑移量，其计算公式为：

$$s = \sqrt{\left(u_u - u_d\right)^2 + \left(v_u - v_d\right)^2 + \left(w_u - w_d\right)^2} \tag{3.79}$$

式中　s——天然裂缝层面滑移量，mm；

　　　u、v、w——层面上 x、y、z 方向位移量，mm；

　　　下标 u——下层面；

　　　下标 d——上层面。

通过计算得出天然裂缝壁面上的相对滑移量如图 3.51 所示。

计算结果表明，天然裂缝在水力压裂的影响下发生相对位移进而形成滑移，层面滑移量最大值为 43.4mm，位于裂缝中间层的靠近边缘的位置，目的层层面上天然裂缝整体呈逆断层方向滑移，裂缝面周围约有 5m 的边缘未发生滑移。裂缝整体的平均滑移量为

25.7mm，所穿越天然裂缝位置滑移量达到 17.45mm。

采用同样的方法计算了第 1 段至第 11 段压裂天然裂缝滑移量，将其结果与第 12 段压裂形成的滑移量相叠加可得出套变点实际滑移量。由于各级压裂存在时间间隔，在第 12 段开始压裂时人工裂缝带压裂存在将有所下降。根据霍纳法，缝内压裂降落速度可表示为。

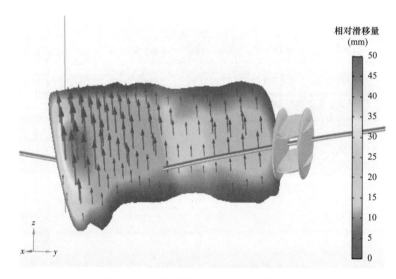

图 3.51　天然裂缝壁面上的相对滑移量

$$\Delta p = \frac{Q\mu B_{1}}{4\pi kh}\left(\ln \frac{2.25\eta t}{r_{w}^{2}} \right) \tag{3.80}$$

式中　Δp——缝内净压力变化量，MPa；

　　　Q——压裂液排量，m^3/s；

　　　μ——压裂液黏度，$Pa \cdot s$；

　　　B_{1}——压裂液压力系数；

　　　k——储层渗透率，D；

　　　r_{w}——井眼直径，m；

　　　h——段长度，m；

　　　η——地层导压系数，Pa/m^2；

　　　t——注入时间，s。

结合当时施工排量、实际施工及地层渗流参数，计算第 12 段压裂时各段裂缝剩余净压力见表 3.5。

采用与 12 段压裂同样的方法进行了天然裂缝滑移量计算的有限元模型，计算结果表明：第 11 段裂缝压力使天然裂缝滑移 0.86mm；第 10 段裂缝压力使天然裂缝滑移 0.08mm；第 9 段裂缝压力不能使天然裂缝发生滑移。因此，压裂 12 段时天然裂缝滑移量为这三段的叠加，累计滑移量 18.39mm。

表 3.5　第 12 段压裂时各段裂缝剩余净压力

压裂段序号	持续时间（min）	本段施工与第 12 段间隔时间（min）	总压裂液用量（m³）	平均泵速（m³/min）	剩余净压力（MPa）
1	175	44401.07	1798.67	10.28	3.45
2	170	44170.57	2110.69	12.42	4.72
3	160	29072.80	2037.99	12.74	5.08
4	165	27338.50	1894.73	11.48	5.14
5	165	25943.38	1898.87	11.51	5.19
6	170	24683.58	1909.56	11.23	5.23
7	170	23294.83	1949.79	11.47	5.29
8	170	21869.35	1902.37	11.19	5.36
9	165	21064.22	1925.49	11.67	5.40
10	160	17257.87	1887.62	11.80	5.62
11	150	2934.87	1893.28	12.62	11.80

3.2.3　地层与套管耦合计算

天然裂缝沿层面形成滑移后将破坏穿越该层面的套管，计算套管上的受力与变形情况还需进一步分析，采用有限元的方法建立地层滑移过程中套管受力与变形的计算模型。有限元模型由套管、水泥环、井眼围岩组成，套管尺寸相对地层很小，故套管剪切变形模型采用了更小的几何尺寸进行计算，这个尺寸条件下的地层滑移量变化很小，可以认为是一个定值。由于模型在 y 方向可认为是对称的，计算时只取整个模型的一半进行分析。目的层套管与井眼附近水泥环、地层的几何参数见表 3.6。

表 3.6　天然裂缝面滑移套管剪切变形有限元模型几何参数

参数名称	数值	参数名称	数值
模型总长度（m）	2	套管外径（mm）	139.7
模型总高度（m）	2	套管壁厚（mm）	12.7
模型总宽度（m）	2	井眼直径（mm）	215.65
井斜角（°）	101	断裂面倾角（°）	70

在这个小的套管剪切变形模型中放大了套管的作用，根据实际条件设置套管、水泥环和地层力学参数见表 3.7。

表 3.7 天然裂缝面滑移套管剪切变形有限元模型力学参数

参数名称	弹性模量（GPa）	泊松比
套管	208	0.29
水泥环	30	0.20
井眼围岩	27	0.23

几何模型中地层的滑移层面不连续，但地层滑移前，水泥环和套管在此层面可认为是连续的，建立几何模型时采用预设层面的方法形成了天然裂缝断裂面。

天然裂缝面滑移量为 18.39mm，滑移量对于套管属于大变形，套管必然发生屈服，产生塑性变形。目的层采用的是钢级 GV125V，其最小屈服强度 861MPa。首先计算套管内壁达到屈服强度时的地层滑移量，通过试算的方式，得出套管发生屈服时的天然裂缝滑移量为 0.53mm，此时套管、水泥环与围岩的受力情况如图 3.52 所示。

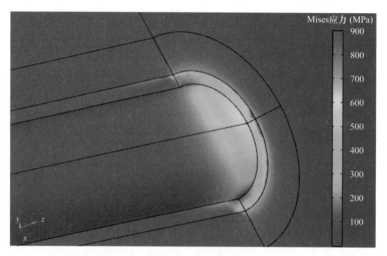

图 3.52 套管发生刚发生屈服时套管、水泥环与围岩的 Mises 应力

有限元计算结果表明，套管外壁 Mises 应力最大，最先达到屈服，相比之下水泥环和井眼围岩 Mises 应力变化较小。此时套管两侧位移量分别为 0.032mm 和 −0.084mm，即在套管屈服前天然裂缝滑移量为 0.53mm 时套管通径减小 0.116mm。套管发生屈服后其抵抗变形能力开始减弱，随着地层滑移量的增大，套管发生屈服的面积开始扩展到内部直至整个断面。当滑移量达到 1.0mm 时，套管与周围水泥及围岩受力情况如图 3.53 所示。

此时，剪切面上大面积套管的 Mises 应力已超过其屈服极限，套管抵抗天然裂缝面滑移能力逐渐减弱。结果表明，此时套管通径减小量达到 0.24mm。随着天然裂缝面继续不断滑移，裂缝面上套管逐渐全部屈服变形。当滑移量为 5mm 时，套管、水泥环与围岩的 Mises 应力如图 3.54 所示。

当天然裂缝面滑移量达到 5mm 时，整个剪切面上套管已经完全屈服，套管屈服即进入弹性强化阶段，其弹性模量大幅降低，抵抗变形能力减弱。通过对不同地层滑移量的有限元模拟，得出天然裂缝面滑移与套管通径减小量之间的关系如图 3.55 所示。

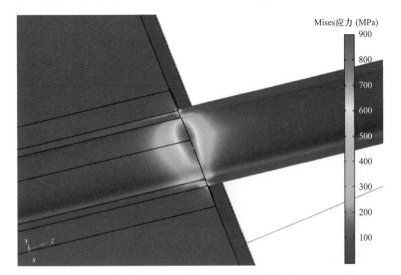

图 3.53　滑移量为 1mm 时套管、水泥环与围岩的 Mises 应力

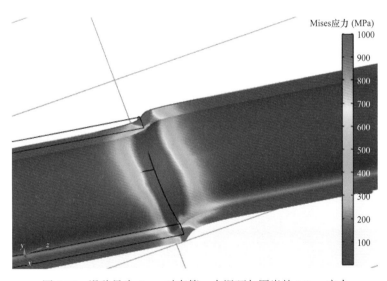

图 3.54　滑移量为 5mm 时套管、水泥环与围岩的 Mises 应力

井眼围岩的有限元模型计算结果表明，天然裂缝面从第 9 段压裂时开始形成滑移，直至套管变形损坏形成的天然裂缝面累积滑移量与套管通径累积减小量见表 3.8。

有限元计算的第 12 段压裂时天然裂缝面滑移量 18.39mm 对应套管通径减小量为 11.54mm。套管通径剩余 102.76mm。至此还原了该井套变时的力学状态并完成了该页岩气水平井套管损坏机理数值模拟分析。

压裂施工中在送入第 10、11、12 段压裂桥塞时未发生遇阻现象，此时套管最大变形量为 0.19mm，该变形量不足以影响压裂桥塞的下入。而第 12 段压裂后有限元计算的套管通径减小为 11.54mm，送入下一级桥塞时发现遇阻。通过资料反应该井压裂后进行了通井作业，通井规外径 106mm，通井至套变点位置遇阻，最大悬重变化 20kN，通井规单侧轻微磨损；次日采用外径 102mm 通井规通井，至套变点位置轻微遇阻，最大悬重变化 10kN，通井规基本无磨损。由此判断井眼最小通径应在 106mm 左右，以此得出实际地层套管剪切变形量为 8.3～12.3mm 且更接近于前者。取套管剪切变形量 8.3mm，计算得出本次有限元模拟准确率达到 71.92%。有限元得出的套管变形计算结果与实际吻合率达到 70% 以上，成功地完成了页岩气水平井套变计算模型的测试。

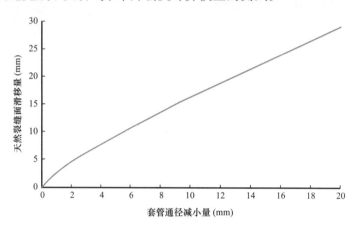

图 3.55　天然裂缝面滑移与套管通径减小量之间的关系

表 3.8　HX-5 井各段压裂形成的天然裂缝面累积滑移量与套管通径累积减小量

压裂段序号	当前压裂段在天然裂缝面形成的滑移量（mm）	累计滑移量（mm）	套管通径累计减小量（mm）
9	0.00	0.00	0.00
10	0.08	0.08	0.02
11	0.86	0.84	0.19
12	17.45	18.39	11.54

3.3　压裂致套变物理模拟实验

　　物理模拟实验是机理研究的重要手段之一。因此，针对页岩气水平井体积压裂改造过程中套管变形突出的问题，自主研发了页岩气井套变物理模拟综合实验装置，通过物理模拟手段还原地下压裂套变过程，揭示压裂套变机理。而国内外的大型物理模拟实验装置由于功能单一、模拟条件受限、测试手段不足等约束，无法全面模拟压裂裂缝、天然裂缝对套管的影响。因此，本物理模拟实验装置在前人装置的基础上进行创新，对套管变形机理和有效解决措施进行基础理论应用和实验研究。

3.3.1 实验装置及方法

（1）压裂套变物理模拟实验装置组成。

压裂套变物理模拟实验装置由物模装置本体、液压系统（X、Y、Z轴加载，围压加载，压裂泵，预增压泵）、阵列式光纤监测系统、声发射检测系统、数据采集及处理系统、多功能大物模型制备系统、备件、专用工具及其他配套产品和辅助系统八部分组成，压裂套变物理模拟实验装置主要参数包括：试件尺寸500mm×500mm×500mm、温度（室温～130℃）、压裂压力0～105MPa、围压0～50MPa、孔隙压力0～50MPa，如图3.56所示。

图3.56　装置总体图

该装置具有以下创新：功能多样，可进行原地应力加载下的压裂套变实验、剪切应力加载下的裂缝滑移实验、页岩膨胀蠕变实验、油气开发渗流实验、地热井开发仿真实验等；加载方式先进，3×3矩阵复合控制式伺服液压可以模拟正应力和剪切应力加载，伺服液压达50MPa；模型尺寸500mm×500mm×500mm，可以对裂缝、井眼进行相似性设计，有效提高实验的准确性；模拟岩心多样，包括含不同类型弱面岩样、人工制备水泥岩样和露头岩样；检测手段丰富，通过声发射、光纤、激光、应变、位移等手段实时监测实验过程；实验参数仿真度高，压裂压力105MPa、围压50MPa、温度130℃。通过页岩气井套变物理模拟综合实验装置，建立了模块化、多功能、智能化的实验平台，实现了考虑压裂改造和井筒完整性的全三维大尺度物理模拟的突破。

其中，声发射监测系统是多通道（由多个平行的检测通道）构成的声发射系统。每一通道均是由类似的测量部件、数字信号处理程序和计算程序，以及功能强大的计算机，再配以完整的外围部件组成。此处所指系统的每一通道测量部件包括声发射传感器、前置放大器及采集卡。声发射系统能够实时采集和显示声发射信号波形和参数。并运用声发射系统所附带的声发射信号采集、分析和显示等工具综合对信号波形和参数数据进行更合理的声发射信号采集和处理，实时显示裂缝的扩展。

（2）压裂套变物理模拟实验方法。

真实还原地下压裂套变过程，利用龙马溪组页岩露头岩样进行物理模拟实验，页岩露头岩样制备流程包括切割造缝、打胶、抹平、粘贴、固定、岩心规整、岩心钻孔、井眼清洗、放入井筒、固化成型。其中井筒参数为内径 21mm，壁厚 1mm。具体流程如图 3.57 所示。

图 3.57　页岩露头岩心制备流程示意图

实验方法及步骤为：第一步使用行车将上盖四个角吊起，缓缓抬升，直至离开主体；第二步检查活塞、位移传感器显示是否正常，压力显示是否正常，测试进退活塞是否正常；第三步安装声发射探头，测试声发射系统是否正常；第四步放入岩心安装上盖，最终效果如 3.58 所示；第五步向试件施加三轴压到达设定值，Z 轴先由快速泵加压至 2MPa，待稳定后，Y 轴由 2MPa 加压至 10MPa，X 轴再同时由 2MPa 加压至 6MPa，待稳定后，Z 轴再由 2MPa 加压至 4MPa，依次 Y、X、Z 轴逐步阶梯同时加压至实验压力；第六步打开注入泵以选定的泵速开始注入压裂液。数据采集系统记录泵注压力、排量等参数，记录声发射数据；第七步继续泵注压裂液直至试件破裂，停止泵注，卸载泵注压力及围压，拆开装置，取出试件，观察形成的裂缝形态及滑移效果。

3.3.2　物理模拟实验结果

为了最大限度还原地下压裂套变过程，必须考虑页岩弱面、水力裂缝、套管三者相互交错和影响，才能更为有效地反映实际页岩压裂套管变形的复杂性。因此，利用页岩气井套变物理模拟综合实验装置，形成了含弱面大型露头岩样压裂套变物理模拟实验方法，实现考虑压裂改造和井筒完整性的全三维大尺度物理模拟的突破（见图 3.59）。

图 3.58 上盖装配示意图

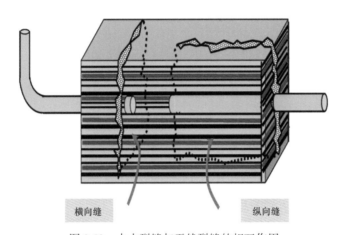

横向缝　　　　　　　　　　纵向缝

图 3.59 水力裂缝与天然裂缝的相互作用

3.3.2.1 实验设计

　　通过伺服液压加载、压裂、控制、监测四部分，组建压裂套变物理模拟实验系统。通过模拟地应力加载、压裂、滑移三个过程，研究不同地应力状态类型、不同排量、不同裂缝倾角对压裂套变规律的影响。页岩露头取自龙马溪组页岩储层，加工成 50cm×50cm×50cm，通过对露头岩样的孔渗测试得到，孔隙度为 4.6%，渗透率为 0.002mD。压裂套变实验模型包括露头岩样，伺服液压加载系统，压裂系统，声发射、位移监测系统，数据采集控制系统五部分。其中，压裂系统是由驱替泵和装有地层水的中间容器经管阀件连接模型井筒而成；伺服液压加载系统是由伺服液压恒速恒压泵连接装置 5 面加载板而成；声发射、位移监测系统由 16 通道的声发射设备连接岩样加载板而成，可观测分析模拟地层中岩石压裂时产生的微地震事件，对微地震源点进行定位计算，绘制裂缝的空间图像，监测裂缝的发育过程，识别裂缝特性（几何形态、方向等）；数据采集控制系统由页岩气井套变物理模拟综合实验系统和电路组成（见图 3.60）。

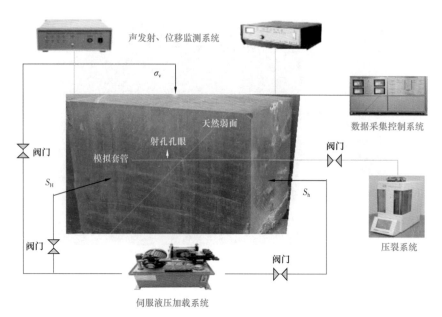

图 3.60　压裂套变实验模型

利用以上建立的压裂套变物理模拟实验系统和含弱面大型露头岩样压裂套变物理模拟实验方法对龙马溪页岩露头模型进行体积压裂套变物理模拟实验。选取 6 块具有代表性的露头岩心，页岩露头的弹性模量为 17.21～18.92GPa，泊松比为 0.28～0.31，单轴抗压强度为 206～211MPa。对不同地应力状态类型，包括正断层类型、走滑断层类型、逆断层类型进行对比，地应力大小模拟 30MPa、20MPa、16MPa，弱面与套变夹角 60° 保持不变，压裂排量为 30mL/min；对不同排量，压裂排量分别取 30mL/min、60mL/min、90mL/min，地应力大小模拟 30MPa、20MPa、16MPa，弱面与套变夹角 60° 保持不变；对不同裂缝倾角，弱面与套变夹角分别取 45°、60°，地应力大小模拟 30MPa、20MPa、16MPa，压裂排量保持 30mL/min 不变（见表 3.9）。

3.3.2.2　压裂套变实验结果分析

（1）1 号岩心压裂套变实验结果。

通过图 3.61 正断层压裂特征曲线可以看出，正断层类型岩样在阶段 Ⅰ 起裂阶段时，随着注入压裂液开始，压裂压力从 0 突然上升，经过 20s 左右，压力达到最高 23MPa，超过最大水平主应力 3MPa，岩样开始破裂，并且注入点附近伴随着大量声发射能量；在阶段 Ⅱ 裂缝在岩石内扩展阶段裂缝延伸扩展压力 21MPa，注入压力趋于稳定，裂缝开始沿着最大主应力方向延伸；在阶段 Ⅲ 水力裂缝和天然裂缝相互作用阶段，水力裂缝与天然裂缝发生交互，压裂液的滤失压力降为 14.2MPa，之后压力迅速增加到 18.8MPa，水力裂缝再次起裂进入岩石基质中，之后裂缝延伸压力呈现稳定减小的趋势直至实验结束。

在水力裂缝进入到预制的天然弱面中时，通过降低天然弱面的摩擦力和内部压力，突破天然弱面后，压裂液开始返出，在地应力加载条件下，弱面产生滑移。通过取出岩样观察测量，裂缝面滑移量为 2mm，实验压裂过程中压裂液用量为 50mL。

表 3.9 压裂套变露头模型基础物性参数

序号	不同地应力状态类型	三向应力大小（MPa）			模型长宽高（cm×cm×cm）	弱面与套变夹角（°）	弹性模量（GPa）	泊松比	单轴抗压强度（MPa）	压裂排量（mL/min）
		σ_v	S_H	S_h						
1	正断层	30	20	16	50×50×50	60	17.21	0.31	206	30
2	走滑断层	20	30	16	50×50×50	60	18.92	0.28	211	30
3	逆断层	16	30	20	50×50×50	60	18.92	0.28	211	30
4	走滑断层	20	30	16	50×50×50	60	18.92	0.28	211	90
5	走滑断层	20	30	16	50×50×50	45	18.92	0.28	211	30
6	走滑断层	71.5	88	36.5	50×50×50	45	18.92	0.28	211	30

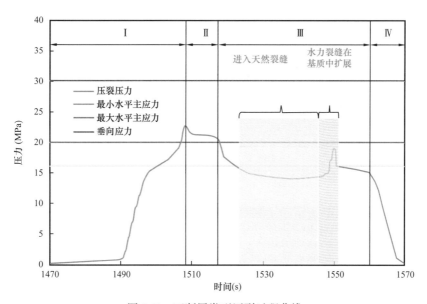

图 3.61 正断层类型压裂过程曲线

实验过程中通过声发射监测裂缝的起裂扩展过程，图 3.62 为声发射监测数据，从图 3.62（a）中可以看出，声发射有效噪声点个数与压裂过程基本一致。从图 3.62（b）可以看出，随着压裂的开始，噪声点突然上升，随后压裂液进入天然裂缝，噪声点趋于平缓；而且随着压裂的进行，水力裂缝再次进入岩石基质中，噪声点出现二次突升。之后噪声点保持不变直至实验结束。

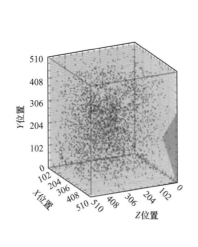

(a) 声发射有效噪声点

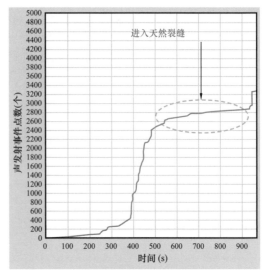

(b) 1号岩样压裂声发射能量特征

图 3.62　正断层类型压裂过程声发射监测数据

（2）2 号岩心压裂套变实验结果。

通过图 3.63 可以看出，在阶段 I 起裂阶段时，随着注入压裂液开始，压裂压力从 0 突然上升，经过 40s 左右，压力达到最高 32.5MPa，超过最大水平主应力 2.5MPa，岩样开始破裂；进入阶段 II，裂缝在岩石内扩展阶段裂缝延伸扩展压力 30MPa，注入压力曲线波动较大且有多个峰值，在此阶段，裂缝不断沿着主裂缝，即最大水平主应力方向扩展；当进入阶段 III 时，可以由图看出，压裂曲线突然下滑，降低至垂向应力与最大水平主应力之间，这是由于水力裂缝和天然裂缝相互作用发生交互，因为压裂液的滤失压力降

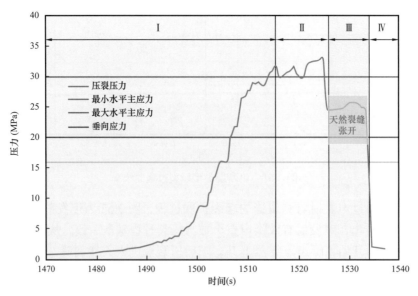

图 3.63　走滑断层类型压裂过程曲线

为 25MPa，之后压力降低为 0，水力裂缝进入到预制的天然弱面中，通过降低天然弱面的摩擦力和内部压力，突破天然弱面后，压裂液开始返出，在地应力加载条件下，弱面产生滑移。

岩样在三向地应力状态下保持一个动态的平衡，一旦水力裂缝和天然裂缝相互作用，天然裂缝周界面的胶结被破坏以后，便会打破这种平衡，使三向压力不相等。在这种不稳定的三向应力作用下，产生进一步的错动，通过声发射事件可以看出还在声发射能量还在持续增加，实验后观察天然裂缝滑移的位移量为 8mm。

实验过程中通过声发射监测裂缝的起裂扩展过程，图 3.64 为声发射监测数据。从图 3.64（a）中可以看出，声发射有效噪声点个数与压裂过程基本一致。从图 3.64（b）可以看出，随着压裂的开始，噪声点突然上升，当进入阶段Ⅱ时，声发射事件点显著增加；当进入阶段Ⅲ后，随着压裂的进行，水力裂缝与天然裂缝发生交互，压裂液进入天然裂缝，声发射能量明显降低，水力裂缝沿着预先切割的天然裂缝偏转，突破天然裂缝边界后，压力降为 0，直至实验结束。

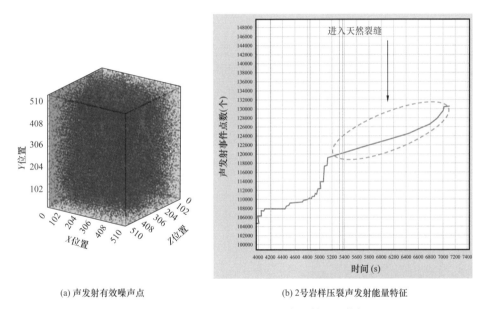

(a) 声发射有效噪声点　　　　　　　(b) 2 号岩样压裂声发射能量特征

图 3.64　走滑断层类型压裂过程声发射监测数据

（3）3 号岩心压裂套变实验结果。

通过图 3.65 逆断层压裂特征曲线可以看出，随着注入压裂液开始，压裂压力从 0 突然上升，经过 10s 左右，压力达到最高 19.5MPa，超过最小水平主应力 3.5MPa，岩样开始破裂，之后裂缝未按照既定的方向进行延伸，在阶段Ⅱ，裂缝延伸扩展压力 12.9MPa，之后压力降低为 0，实验后进行观察发现水力裂缝突破岩石外表面，扩展至岩样边界，直至实验结束。通过取出岩样观察测量，在地应力加载条件下，弱面没有产生滑移，实验压裂过程中压裂液用量为 12.5mL。

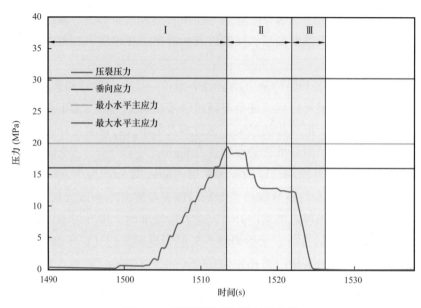

图 3.65 逆断层类型压裂过程曲线

实验过程中通过声发射监测裂缝的起裂扩展过程，图 3.66 为声发射监测数据，从图 3.66（a）中可以看出，声发射有效噪声点个数与压裂过程基本一致。从图 3.66（b）可以看出，随着压裂的开始，噪声点突然上升，当进入阶段 II 时，声发射事件点显著增加；当进入阶段 III 后，随着压裂的进行，由于水力裂缝并未沿着预定方向扩展，且一直扩展至岩样边界，因此，在第 III 阶段声发射事件点持续上升，直至实验结束。

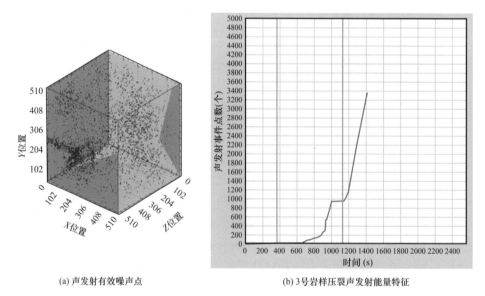

(a) 声发射有效噪声点   (b) 3 号岩样压裂声发射能量特征

图 3.66 逆断层类型压裂过程声发射监测数据

（4）4 号岩心压裂套变实验结果。

通过图 3.67 可以看出，该岩心为对比不同注入排量条件下的压裂套变效果，4 号岩心注入排量为 90mL/min，随着注入压裂液开始，压裂压力从 0 突然上升，经过 20s 左右，压力达到最高 36.9MPa，超过最大水平主应力 6.9MPa，岩样开始破裂；当进入阶段 Ⅱ 时，裂缝开始沿着最大主应力方向延伸，裂缝延伸扩展压力降至 18.9MPa；随后进入第 Ⅲ 阶段，在此阶段，水力裂缝与天然裂缝交合，压裂液进入到预制的天然弱面中，通过降低天然弱面的摩擦力和内部压力，水力裂缝沿着预置的天然裂缝偏转，突破天然裂缝边界后压力降为 0，压裂液开始返出，在地应力加载条件下，弱面产生滑移，通过取出岩样观察测量，与 2 号岩样结果一致，裂缝面滑移量为 5mm，实验压裂过程中压裂液用量为 30mL。

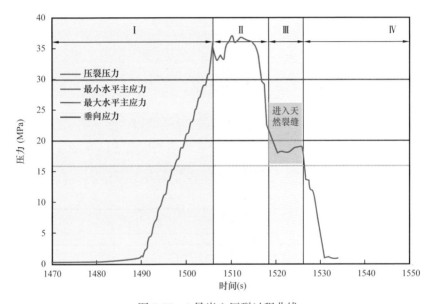

图 3.67　4 号岩心压裂过程曲线

实验过程中通过声发射监测裂缝的起裂扩展过程，图 3.68 为声发射监测数据，从图 3.68（a）中可以看出，声发射有效噪声点个数与压裂过程基本一致。从图 3.68（b）可以看出，随着压裂的开始，噪声点突然上升，当进入阶段 Ⅱ 时，声发射事件点显著增加；当进入阶段 Ⅲ 后，随着压裂的进行，由于水力裂缝与天然裂缝交互，压裂液流入天然裂缝，声发射能量明显降低。

（5）5 号岩心压裂套变实验结果。

通过图 3.69 可以看出，该岩心为对比不同弱面角度条件下的压裂套变效果，裂缝与套管夹角为 45°，在阶段 Ⅰ 和阶段 Ⅱ 时与其他实验相似，通过走滑断层压裂特征曲线可以看出，随着注入压裂液开始，压裂压力从 0 突然上升，经过 20s 左右，压力达到最高 32.2MPa，超过最大水平主应力 2.2MPa，岩样开始破裂。在阶段 Ⅲ，由于天然裂缝与水平井筒夹角的变大，作用于天然裂缝表面的正应力也变大，天然裂缝不容易张开或发生剪切滑移。表现为压裂压力波动较小，声发射事件显著增加，说明了尽管水力裂缝与天然裂缝相交，但水力裂缝中仍然在岩石中进行扩展，声波仍在岩石基质中传播，与天然裂缝之间没有明显的相互作用。实验后进行观察发现水力裂缝突破岩石外表面后，压裂液开始返出，在地应力加载条件下，弱面没有产生滑移，通过取出岩样观察测量，实验压裂过程中压裂液用量为 50mL。

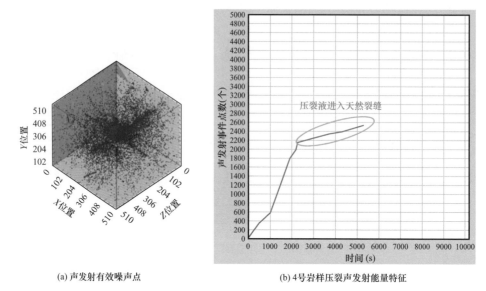

(a) 声发射有效噪声点   (b) 4号岩样压裂声发射能量特征

图 3.68   4 号岩心压裂过程声发射监测数据

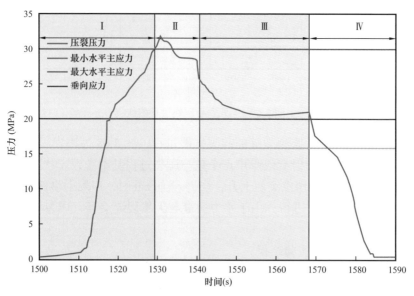

图 3.69   5 号岩心压裂过程曲线

实验过程中通过声发射监测裂缝的起裂扩展过程，图 3.70 为声发射监测数据。从图 3.70（a）中可以看出，声发射有效噪声点个数与压裂过程基本一致。从图 3.70（b）可以看出，随着压裂的开始，噪声点突然上升，当进入阶段 II 时，声发射事件点显著增加；当进入阶段 III 后，水力裂缝仍在岩石基质中扩展，声波仍在岩石基质中传播，与天然裂缝之间没有明显的相互作用。

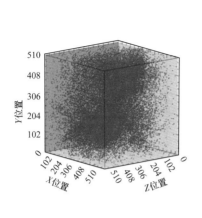

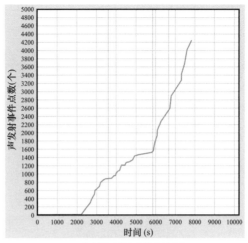

(a) 声发射有效噪声点   (b) 5号岩样压裂声发射能量特征

图 3.70   5 号岩心压裂过程声发射监测数据

（6）6 号岩心压裂套变实验结果。

通过图 3.71 可以看出，该岩心为对比不同应力条件下的压裂套变效果，最大水平主应力达到 88MPa，垂向应力 71.5MPa，最小水平主应力 36.5MPa。在这种地应力条件下，阶段 I 中，随压裂液的持续输入，压裂压力在 20s 内持续上升，直至达到最高点 74MPa，超过最小水平主应力 2.5MPa；在阶段 II 时，压裂压力曲线开始下降，岩样开始破裂；在阶段 III，由于水力裂缝与天然裂缝交合，压裂液进入天然裂缝，致使压裂压力曲线再度下降，并维持一段较长时间的平稳状态，此时，天然裂缝处易发生剪切滑移；阶段 IV 时，裂缝扩展至岩样边界，压裂液溢出，压裂压力曲线短时间内迅速降低（见图 3.72）。

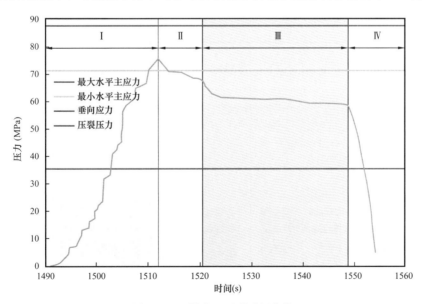

图 3.71   6 号岩心压裂过程曲线

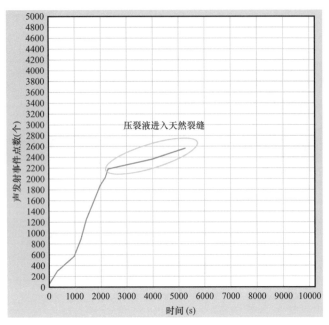

图 3.72　6 号岩样压裂声发射能量特征

（7）不同断层类型水力裂缝扩展趋势。

由图 3.73 可以看出，断层类型为正断层时，水力裂缝扩展方向更多地受到垂向应力的影响，在水力裂缝接触天然裂缝后，两者互通，压裂液进入天然裂缝，水力裂缝沿天然裂缝方向扩展一定程度，再沿最大应力方向扩展；当水力裂缝为走滑断层，且夹角为 30° 时，水力裂缝再连通天然裂缝后，将沿着天然裂缝方向持续扩展；当断层类型为逆断层时，水力裂缝扩展方向更多受水平应力影响，水力裂缝与天然裂缝连通可能性降低，水力

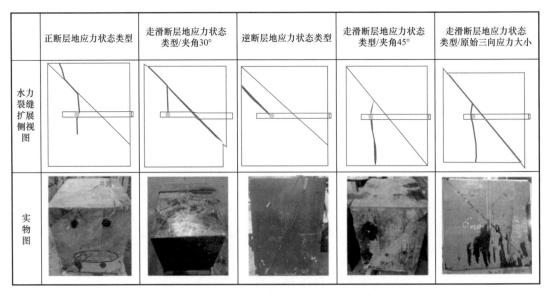

图 3.73　不同类型断层水力裂缝扩展形式图

裂缝将沿着最大水平主应力方向扩展；当断层类型为走滑断层且夹角为 45° 时，尽管水力裂缝与天然裂缝相交，但水力裂缝中仍然在岩石中进行扩展与天然裂缝之间没有明显的相互作用；当断层类型为走滑断层，且在原始三向应力条件下，水力裂缝与天然裂缝连通性好，压裂液进入天然裂缝，并随着天然裂缝方向扩展，同时具有夹角 30° 和夹角 45° 时，走滑断层面裂缝扩展的所有特征。

3.3.2.3　声发射特征分析

（1）声发射监测原理。

大型全三维水力压裂物理模拟实验为压裂套变理论的研究和论证提供了一种重要的手段，通过配备的 16 通道声发射监测设备，可实时动态监测裂缝的起裂、延伸和扩展、滑移过程。声发射是伴随着材料内部微裂隙的产生而激发的弹性波，它与岩石内部裂缝破裂动态直接相关。声发射监测信号携带了更多的岩石内部损伤的信息，可以定量地研究水力压裂过程。

通过采用 16 通道声发射采集设备对页岩大尺度岩样水力压裂套变模拟实验进行实时监测，实验后分析声发射波形特征参数，并把日本混凝土材料协会定义的两个特征参数 Fa 值（表示每个振铃的频度）和 RA 值（表示初始信号斜率的倒数）成功地应用于水力压裂模拟实验。声发射监测采用德国声发射监测系统，该系统具有 16 个通道，可对连续波形信号采集声发射事件数、振幅、能量、上升时间等 20 多个特征参数。采用带宽为 $50\sim500$kHz 的 16 个传感器接收声发射信号，声发射采集设备可实时记录波形并定位。

实验中声发射设备前置放大器、采样频率、门槛值等参数可根据噪音水平、岩性等因素进行调节设定。根据压力曲线变化和声发射实时定位结果来判断水力裂缝起裂扩展位置、裂缝扩展滑移、剪切滑移的特征，从而来实时调整泵注排量和液量。

为了将裂纹分类为拉伸和剪切，日本混凝土协会利用频度 Fa 值和 RA 值[28]来评价混凝土材料的裂缝破坏机制。当 RA 值小但 Fa 值高时，声发射源被分类为拉伸裂纹，另一种情况下，声发射源被称为剪切裂纹。这两个参数是根据波形信号的特征归纳总结而来的，拉伸裂缝特征为上升时间短，斜率大，振铃数多，从而 RA 值大，Fa 值低，而剪切破裂相反。两组事件点分别是从纯抗弯实验和纯双剪载荷实验得到的，证明该方法与探头频率没有直接关系，其他学者也证实了该评价方法是可行的。频度和 RA 值的定义是：频度 Fa= 信号下降铃数 / 持续时间，表示每个振铃的频度；上升斜率 RA 值 = 上升时间 / 最大振幅，表示初始信号斜率的倒数。

为了区分裂纹分类为拉伸裂缝和剪切裂缝，当 RA 值小但 Fa 值高时，声发射源为拉伸裂缝；当 RA 值大但 Fa 值低时，声发射源为剪切裂缝。

（2）不同地应力状态类型声发射结果分析。

通过建立的含弱面页岩露头岩样体积压裂套变物理模拟实验方法，分析不同地应力状态类型对压裂套变规律的影响，利用声发射监测体积压裂过程中裂缝的起裂、延伸、破裂过程，了解岩石内部损伤的信息。

通过图 3.74 可以看出实验过程中正断层压裂主要以张开裂缝为主，能看到大多数事件点都聚集在张性破裂区域，只有零散点落在剪切破裂区域，说明压裂套变过程初期主要产生张性破裂，压力超过破裂压力之后产生水力裂缝，这个阶段产生的主要为张性拉伸破裂，之后水力裂缝进入天然弱面内，通过观察岩心，可知正断层产生 1mm 滑移量，天然弱面的滑移效果不明显，因此造成剪切裂缝事件点数比较少。

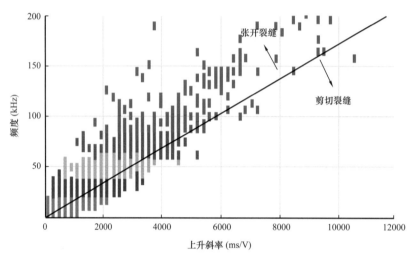

图 3.74　正断层声发射特征参数示意图

通过图 3.75 可以看出落在剪切破裂区域的事件点与张性破裂区域的事件点数相当。声发射事件点在张性破裂区和剪切破裂区均匀分布，张性破裂和剪切破裂的事件点数基本相当。用压力曲线做比对，发现拉伸破裂事件主要集中于压力升高和延伸阶段，而在压裂压力下降之后主要产生的是剪切破裂，这主要归因于外力增加或释放，岩样需要做出相应的改变来平衡外力的变化，会发生变形或错动，从而导致剪切破裂。压裂液进入天然弱面后，降低了裂缝面的法向压力，同时也降低了天然弱面的摩擦力，剪切错动还能增加裂缝

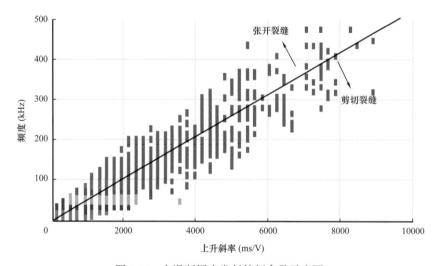

图 3.75　走滑断层声发射特征参数示意图

的导流能力。这也验证了，天然弱面发育处应力比较集中，主要破裂为剪切破裂的机制，而均质各向同性且天然裂缝不发育处张性为主要破裂机制。通过观察岩心，可知走滑断层产生 8mm 滑移量，天然弱面的滑移效果明显。压裂液压力超过天然裂缝表面的法向应力，同时超过其临界滑移值，天然裂缝产生拉剪破坏。

（3）不同注入排量声发射结果分析。

通过图 3.76 可以看出，声发射事件点在张性破裂区和剪切破裂区有均匀分布，张性破裂和剪切破裂的事件点数基本相当。拉伸破裂事件主要集中于压力升高和延伸阶段，而在压裂压力下降之后主要产生的是剪切破裂。通过图 3.77 可以看出，实验过程中正断层压裂主要以剪切裂缝为主，能看到大多数事件点都聚集在剪切破裂区域，只有零散点落在张开破裂区域。说明压裂套变过程主要产生剪切破裂，与压力曲线做比对，发现张开破裂事件主要集中于压力升高和延伸阶段，由于注入速度为 90mL/min，明显高于 30mL/min，在大

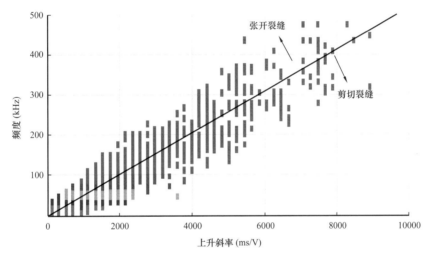

图 3.76 注入排量为 30mL/min 的走滑断层声发射特征参数示意图

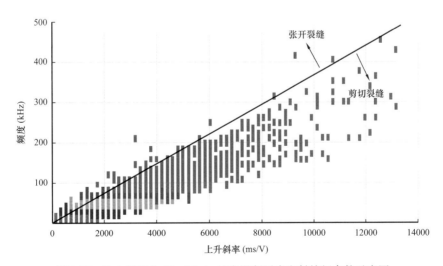

图 3.77 注入排量为 90mL/min 的走滑断层声发射特征参数示意图

排量作用下，压裂压力迅速达到破裂压力点，造成拉伸破裂时间点少且集中。在压裂压力下降之后主要产生的是剪切破裂，这主要归因于大排量压裂液进入天然弱面中。对天然弱面的裂缝面法向压力和摩擦力迅速产生影响，岩样需要做出相应的改变来平衡外力的变化，从而导致剪切破裂。通过观察岩心，可知走滑断层产生 5mm 滑移量，天然弱面的滑移效果明显。

3.3.2.4　压裂套变物理模拟实验原因分析

不论是水力裂缝还是天然裂缝，裂缝的破裂几乎都是由拉张破坏和剪切破坏共同作用的。在压力升高阶段，由于此时裂缝面处法向应力强，因此容易发生拉涨破坏；而当压力降低时，裂缝已经打开，此时降低裂缝面法向应力，则更易发生剪切破坏。在水力裂缝扩展过程中，由于应力集中效应，在断裂尖端形成裂缝扩展作用区域，当遇到天然裂缝后，天然裂缝面同时受到剪切应力和正应力影响。条件 A：裂缝尖端周向应力超过岩石抗拉强度，岩石基质产生破裂，并且一些水力裂缝将会穿透天然裂缝。条件 B：当天然裂缝缝内压力超过了作用于天然裂缝上的正应力，天然裂缝将会张开，发生张开破坏，如果裂缝尖端区域内天然裂缝的剪切应力超过黏聚力和抗剪强度总和，水力裂缝沿着天然裂缝偏转，产生剪切破裂。同时满足 A+B 条件时，同时发生穿透和偏转，产生复杂裂缝网络（见图 3.78）。

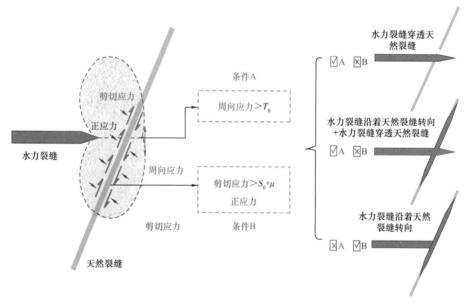

图 3.78　不同水力裂缝扩展情况条件

国内外学者通过数值和理论模型讨论了天然裂缝与水力裂缝交互作用的影响，但很少通过实验模型能够模拟随机裂缝网络条件下的水力压裂过程。他们提出了不同的水力裂缝破裂和偏转行为的临界曲线，虽然研究方法不同，但判断水力裂缝扩展行为的条件是相同的，形成的标准曲线规律基本相同。因此，明确套变的发生基本上属于 B 条件下或者A+B 条件下。

3.4 页岩气井压裂致套管变形机理

套管发生变形的位置往往发生在裂缝面与井筒交叉处，在这个位置由于压裂过程中，水力裂缝扩展至天然裂缝处两者交合，致使水力裂缝沿天然裂缝扩展，并且此时的裂缝内压力因压裂液流进天然裂缝而降低。根据上述水力裂缝与天然裂缝交合后应力变化准则，此时裂缝面处将受到大量的剪切应力，裂缝受到剪切破坏，以至于此处的套管受到剪切力，发生剪切形变（见图3.79）。

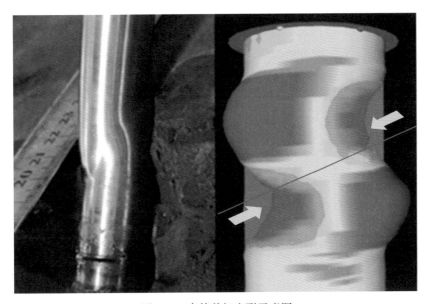

图 3.79　套管剪切变形示意图

当水力裂缝刚与天然裂缝连通时，天然裂缝缝内压力超过了作用于天然裂缝上的正应力，天然裂缝将会张开，发生张开破坏；而在压裂压力下降之后主要产生的是剪切破裂，压裂液进入天然弱面后，降低了裂缝面的法向压力，地应力作用在天然裂缝面上剪切应力分量大于天然裂缝面的抗剪能力，同时也降低了天然弱面的摩擦力的时候，天然裂缝产生剪切破裂，发生剪切错动。这主要归因于外力增加或释放，岩样需要做出相应的改变来平衡外力的变化，会发生变形或错动，从而导致剪切破裂。

因此，在大量页岩气井套变原因分析的基础上，通过数值模拟和物理实验的结合，揭示了天然弱面滑移剪切套管变形的机理：

（1）天然弱面滑移初始阶段：压裂液开始进入天然裂缝，使弱面内压力提高，减小天然裂缝表面的摩擦因数及法向应力。

（2）张开裂缝阶段：缝内压裂液压力克服作用在天然裂缝表面法向应力，天然裂缝开始张开。

（3）剪切滑移阶段：缝内压力超过其扩展临界值，天然裂缝开始失稳扩展，剪切套管发生变形。

4 页岩气井套变预测控制一体化技术

4.1 页岩气井套变预测技术

目前，水力压裂数值模拟软件已经有一套比较完整的体系，从整体区块的压裂设计，到单井压裂优化设计和实时监测分析等方面，都有相应的软件。当前广泛应用的压裂软件以国外产品为主，主要有 FracpropPT，Meyer，TerraFrac，E-StimPlan 等，这些软件的开发和使用大大促进了水力压裂技术的发展。但由于这些软件大多采用非常简化的裂缝模型，难以模拟和分析页岩中的压裂和套管变形损伤。因此，在此基础上自主研发了压裂过程中套变风险点预测软件。

4.1.1 压裂致套变软件算法

本软件的核心算法涉及页岩的断裂、缝网内的流体流动和地层与套管之间的耦合这三个方面的计算，下面分别进行介绍。

4.1.1.1 断裂力学模块

在本软件中，通过在模型中引入 Cohesive 单元（内聚力单元）模拟水力裂缝的萌生及扩展。在 Cohesive 单元中，裂缝被视作在以下两种状态间过渡：单元内无损伤、位移连续的状态；单元完全损伤，位移在某个方向不连续，在该方向上单元不能承受外载荷。

本软件使用了含有线性软化段的牵引分离法则来定义 Cohesive 单元，该法则需要两个材料参数来描述介质中的天然裂缝：Cohesive 能量 G_c（牵引分离曲线下的面积），以及 Cohesive 强度 N_0（岩石的抗拉强度）。在 Cohesive 单元中处理时，要求定义损伤萌生前的牵引分离行为，此行为被假定为初始刚度 K_0。该定律可以被看作是广义的初始刚度线性下降的不可逆 Cohesive 定律，并被广泛使用于脆性材料模拟。Cohesive 表面牵引力从损伤萌生时的最大强度 N_0，随损伤线性下降到 0，并在裂缝开口位移超过总分离 w_1 后不产生任何力。如果单元在完全损伤前就卸载，则裂缝聚合力沿已损伤的刚度 K_p 下降，可以表达为：

$$N=K_p w, \quad 0 \leqslant w \leqslant w_p \tag{4.1}$$

在损伤萌生后，天然裂缝表面会立刻受到流体压力 p_f，因而裂缝表面的总牵引力为：

$$N=K_p w-p_f, \quad 0 \leqslant w \leqslant w_p \tag{4.2}$$

本软件中，裂缝的扩展采用最大主应力准则，当单元中心的积分点上的主应力 σ_{max} 达到临界应力 σ_c（即材料的抗张强度）时，单元断裂，产生一个裂缝面，且裂缝面的法向方向垂直于最大主应力的方向。

$$\sigma_{max}=\sigma_c \tag{4.3}$$

断裂尖端的应力和位移场是建立断裂准则的关键。我们认为在裂缝的尖端具有两种典型的断裂模式——Ⅰ型断裂和Ⅱ型断裂,一般混合型裂缝是模式Ⅰ和模式Ⅱ叠加。对于以裂尖点为中心的极坐标(r,θ),其中 r 为距断裂前缘的距离,θ 为相对于裂尖方向的逆时针角。因此,极坐标中裂缝尖端应力场的应力分量可以写为:

$$
\begin{aligned}
\sigma_{rr} &= \frac{1}{\sqrt{2\pi r}}\left[\frac{K_{\mathrm{I}}}{4}\left(5\cos\frac{\theta}{2}-\cos\frac{3\theta}{2}\right)+\frac{K_{\mathrm{II}}}{4}\left(-5\sin\frac{\theta}{2}+3\sin\frac{3\theta}{2}\right)\right] \\
\sigma_{\theta\theta} &= \frac{1}{\sqrt{2\pi r}}\left[\frac{K_{\mathrm{I}}}{4}\left(3\cos\frac{\theta}{2}+\cos\frac{3\theta}{2}\right)+\frac{K_{\mathrm{II}}}{4}\left(-3\sin\frac{\theta}{2}-3\sin\frac{3\theta}{2}\right)\right] \\
\sigma_{r\theta} &= \frac{1}{\sqrt{2\pi r}}\left[\frac{K_{\mathrm{I}}}{4}\left(\sin\frac{\theta}{2}+\sin\frac{3\theta}{2}\right)+\frac{K_{\mathrm{II}}}{4}\left(\cos\frac{\theta}{2}+3\cos\frac{3\theta}{2}\right)\right]
\end{aligned}
\tag{4.4}
$$

式中 K_{I}——Ⅰ型裂缝的应力强度因子;

   K_{II}——Ⅱ型裂缝的应力强度因子。

在采用的断裂准则中,假设当周向应力达到临界值时,断裂开始扩展,这可以由在极坐标(r,θ)下位于裂纹尖端位置附近的应力场转化为由断裂韧性表示的扩展准则。根据线弹断裂力学(LEFM),该准则可以扩展到平面问题的正交各向异性材料中。准则的表达式为:

$$
\begin{aligned}
&\frac{\partial\sigma_{\theta\theta}}{\partial\theta}\Big|_{\theta=\theta_c}=0,\quad \frac{\partial^2\sigma_{\theta\theta}}{\partial\theta^2}\Big|_{\theta=\theta_c}<0, \\
&\sigma_{\theta\theta max}=\sigma_{\theta\theta}\Big|_{\theta=\theta_c}=\frac{K_{\theta max}}{\sqrt{2\pi r}},\quad K_{\theta max}=K_{\mathrm{IC}}
\end{aligned}
\tag{4.5}
$$

将应力分量 $\sigma_{\theta\theta}$ 代入上面的方程中,可以得到各向同性的材料的裂缝扩展准则,如下:

$$K_{\mathrm{I}}\sin\theta_c+K_{\mathrm{II}}(3\cos\theta_c-1)=0 \tag{4.6}$$

$$\frac{1}{4}\left[K_{\mathrm{I}}\left(3\cos\frac{\theta_c}{2}+\cos\frac{3\theta_c}{2}\right)-3K_{\mathrm{II}}\left(\sin\frac{\theta_c}{2}+\sin\frac{3\theta_c}{2}\right)\right]=K_{\mathrm{IC}} \tag{4.7}$$

上面的方程可以求解如下:

$$\theta_c=2\tan^{-1}\frac{1}{4}\left(\frac{K_{\mathrm{I}}}{K_{\mathrm{II}}}-\mathrm{sign}(K_{\mathrm{II}})\sqrt{\left(\frac{K_{\mathrm{I}}}{K_{\mathrm{II}}}\right)^2+8}\right) \tag{4.8}$$

$$K_{\theta_c}=\cos\frac{\theta_c}{2}\left(K_{\mathrm{I}}\cos^2\frac{\theta_c}{2}-\frac{3}{2}K_{\mathrm{II}}\sin\theta_c\right)=K_{\mathrm{IC}} \tag{4.9}$$

这两个方程可以决定裂缝是否扩展及扩展的方向。

本软件中,应力强度因子的计算方法采用位移插值法,具体的计算表达式如下:

$$K_{\mathrm{I}} = 2Gw\sqrt{\frac{2\pi}{r}}\left(\kappa+1\right)$$

$$K_{\mathrm{II}} = 2Gv\sqrt{\frac{2\pi}{r}}\left(\kappa+1\right)$$

（4.10）

式中　w——裂缝张开的跨度；

　　　v——裂缝滑移的位移。

4.1.1.2　流场计算模块

求解流场压强分布是一个比较复杂的过程，由于流场边界与断裂力学模块计算结果相关，可尝试不同的方法分析裂缝中的流体压强分布。

首先进行模型简化，假设裂缝扩展时存在一个主要扩展方向（记作 s）；另一个方向的扩展变化不大，记作裂缝的"高度"方向，设裂缝的高度为 h；每个裂缝截面张开最大位移随 s 变化，记作 $w(s)$。假设压强 $p(s)$ 在每个横截面上相同，仅随 s 变化。这样，流体流动方程就被简化为一维形式。假设整个裂缝中充满了流体，即流体尖端与裂缝尖端前进时没有延迟。

为了实现流体和固体程序的耦合，流体部分计算程序利用扩展有限元部分计算得到的本时间步裂缝开裂大小 $w(s)$，计算得到压强在裂缝中的分布 $p(s)$，进而作为裂缝计算下一时间步的输入条件，来计算下一时间步的裂缝位移。

根据以上简化，流体连续方程可以表述为：

$$\frac{\partial q}{\partial s} + q_{\mathrm{l}} + \frac{\partial A}{\partial t} = 0$$

（4.11）

式中　q——液体流速；

　　　q_{l}——向岩石中泄漏速度；

　　　A——裂缝横截面积。

另一方面，考虑椭圆管道流体低速层流的解析解：

$$q(s) = -\frac{\pi\left[w(s)\right]^3 h}{64\mu}\frac{\partial p}{\partial s}$$

（4.12）

式中　μ——流体的动力黏性系数。

实际上，上面给出的流体的连续方程（4.12）可以被从 0 到给定的 s 积分一次，得到下面的表达式：

$$q(s) - q(0) + \int_0^s q_{\mathrm{l}}\mathrm{d}s + \frac{\partial V(s)}{\partial t} = 0$$

（4.13）

式中　$V(s)$——从 0 到 s 裂缝的体积。

在下面进一步的计算中，假设裂缝的横截面为椭圆，故 $A = \frac{\pi hw}{4}$；此外，暂时忽略流体向固体中的泄漏速度 q_{l}。

算法主要依赖于积分过的流体连续方程（4.13）。其中 $q(0)$ 是作为输入条件给出的，而裂缝的体积变化率可以利用裂缝宽度积分得到：

$$\frac{\partial V(s)}{\partial t}=\int_0^s \frac{h}{4\pi}\frac{\partial w}{\partial t}\mathrm{d}s \tag{4.14}$$

利用扩展有限元程序计算得到的 $w(s,t)$，可以对上式进行数值积分，得到离散的表达式：

$$\frac{\partial V(s)}{\partial t}=\frac{h}{4\pi}\sum_{k=1}^{n_s}\frac{w_k(t)-w_k(t-1)}{\Delta t} \tag{4.15}$$

式中　n_s——s 方向上的无穷接近的一个值。

由于忽略了流体渗漏，故可求出任意位置处裂缝横截面上的流体流速 $q(s)$，如下：

$$q(s)=q(0)-\frac{h}{4\pi}\sum_{k=1}^{n_s}\frac{w_k(t)-w_k(t-1)}{\Delta t} \tag{4.16}$$

进而可以求得流体中的压力梯度，如下：

$$\frac{\partial p}{\partial s}=-q(s)\times\frac{64\mu}{\pi w^3 h} \tag{4.17}$$

可以看到，上面的流体流动方程已经简化到一阶的常微分方程，从而可以使用隐式迭代方法进行求解。但是，由于 ABAQUS 中使用了并行处理技术，它将整个求解域自动划分为了多个并行块进行计算。为了与 ABAQUS 的并行求解进行配合，流体流动部分的求解也需要使用显式算法进行求解。因此，将针对裂缝中不同位置的单元分别进行讨论。

（1）裂尖处单元。

裂尖处的单元需要满足流体压力边界条件：

$$p=p_0 \tag{4.18}$$

式中　p_0——岩石中的孔隙压力。

（2）紧靠井眼处单元。

对流体的连续方程使用向后差分离散，利用上一时间步后一单元已知的压强求出本时间步本单元的压强：

$$q(0)=-\frac{\pi\left(w_1^{\{t\}}\right)^3 h}{64\mu}\times\frac{p_2^{\{t-1\}}-p_1^{\{t\}}}{\Delta s} \tag{4.19}$$

（3）其余单元。

对流体的连续方程使用向后差分，利用本时间步前一单元的压强（如果有）求出本时间步本单元的压强：

$$q(s)=-\frac{\pi\left(w_k^{\{t\}}\right)^3 h}{64\mu}\times\frac{p_{k+1}^{\{t\}}-p_k^{\{t\}}}{\Delta s} \tag{4.20}$$

或近似地采用下面的公式进行计算：

$$q(s) = -\frac{\pi\left(w_k^{\{t\}}\right)^3 h}{64\mu} \times \frac{p_{k+1}^{\{t-1\}} - p_k^{\{t\}}}{\Delta s} \tag{4.21}$$

至此，全场的压强场均可以使用显式方法求出。

求解裂缝中流体的流动是个比较复杂的问题，需要综合考虑流体控制方程及断裂力学方程。为方便程序处理，在理论求解的基础上加上一定的近似条件，得到裂缝中流体压强分布的近似解。

流体部分的控制方程有如下几个方程：

（1）流体的连续方程。

$$\frac{\partial w}{\partial t} + \frac{\partial q}{\partial x} = 0 \tag{4.22}$$

（2）一维平直管道内的牛顿流体层流稳态解（Bird，Armstrong，& Hassager，1987）：

$$q(x) = \frac{w^3}{24\mu}\frac{\mathrm{d}p}{\mathrm{d}x} \tag{4.23}$$

式中　w——裂缝宽度；

　　　μ——流体黏性系数；

　　　$q(x)$——流体流量；

　　　$p(x)$——流体的压强。

通过将裂缝看作是连续分布的位错密度函数，可以得到裂缝表面流体压强与裂缝各点开口宽度之间的关系（Rice，1968），如下：

$$p(x) - \sigma_0 = \frac{E'}{4\pi}\int_{-l(t)}^{l(t)} \frac{\partial w(s,t)}{\partial s}\frac{\mathrm{d}s}{s-x} \tag{4.24}$$

考虑到裂缝的入口和裂尖的流速两个边界条件，该问题即可定解，这两个边界条件如下：

$$q(0) = \frac{Q_0}{2} \tag{4.25}$$

$$q(l) = 0 \tag{4.26}$$

本软件中，考虑了井筒中的流体流动。由于井筒的长度比其直径大得多，所以井筒中的流动可以被认为是一维的层流流动。使用以下附加假设来简化井筒中的流动：① 准静态条件，忽略井筒内压力的快速瞬时变化；② 井筒内初始时充满了流体，即给定一个很小的裂缝初始跨度；③ 井筒内的流体是不可压缩流体，即流体的密度是恒定的。

对于井筒中的一个横截面，流体的质量守恒方程可以写为：

$$\frac{\partial \rho_f A}{\partial t} + \frac{\partial \rho_f A v}{\partial s} = \delta(s)\rho_f q_0 - \sum_{I=1}^{N}(s-s_I)\rho_f q_I \tag{4.27}$$

式中 s——沿着井筒的自然坐标；

   ρ_f——流体的密度；

   A——井筒的截面面积，$A=\pi D^2/4$；

   D——井筒的直径；

   v——当前截面上的流体的平均流速；

   δ——Kronecker delta 函数；

   q——流过截面的流量，$q=Av$；

   q_I——从第 I 个射孔簇（自然坐标为 s_I）流入的流量；

   q_0——每单位厚度上总的井筒注入流量。

基于上面的假设，井筒内流体流动的质量守恒方程可以简化为 Darcy-Weisbach 方程：

$$\Delta p = \rho_f g \Delta z + \frac{f_D\left(Re\right)}{D}\frac{\rho_f v^2}{2} \tag{4.28}$$

式中 g——重力加速度常数；

   z——实际的深度；

   $f_D\left(Re\right)$——摩擦损失系数函数；

   Re——流动的雷诺数（Reynold's number）。

这里我们采用 Blasius 磨损计算方法，这是只依赖于雷诺数的一个经验的公式。这个方法有两个不同的机制——层流流动和湍流流动。在从层流向湍流转变的时（雷诺数 $Re=2500$），这个摩擦损失系数有一个突变。摩擦损失系数和雷诺数的关系如下：

$$f_D = \begin{cases} \dfrac{64}{Re} & Re < 2500 \\ \dfrac{0.3164}{Re^{0.25}} & Re \geqslant 2500 \end{cases} \tag{4.29}$$

为了使上述流动系统的方程封闭，我们需要将井筒中的压力与水力裂缝入口处的压力关联起来。这种关联的最简单方法是强制让从井筒到缝内的压力连续。然而，流体通过与井筒中射出的穿孔关联的收缩部位进入水力裂缝内时，钢壳中的这种穿孔会引起局部的压力损失，其在压缩处理的典型条件下可以通过类似于喷嘴构型的伯努利方程来求解。因此，我们假设这个局部的压力损失与进入水力裂缝内的流体流量的平方成正比，可以写成下面的表达式：

$$\Delta p_1^{perf} = \varphi_p q_1^2 \tag{4.30}$$

式中 φ_p——射孔摩阻系数；

   q_1——流入第 1 个射孔簇的压裂液的体积；

   φ_p——一个经验的系数，依赖于该射孔簇的射孔数目、射孔直径和孔眼粗糙度等。

一个被广泛使用的 φ_p 的表达式如下：

$$\varphi_p = 0.807249\frac{\rho_f}{n_p^2 D^4 C^2} \tag{4.31}$$

式中　C——无量纲射孔排放系数，一般情况下取值为 0.5（完美射孔）～0.95（侵蚀射孔）；

　　　　D——射孔直径，典型取值为 1.0～2.5cm；

　　　　n_p——每个射孔簇内的射孔数目，通常取值为 6～30。

4.1.1.3　套管耦合计算

套管的材料采用 Abaqus 内置的各向同性弹塑性材料模型，具体的材料参数如下：弹性条件下，杨氏模量 E=190GPa，泊松比 v=0.3；塑性条件下，采用双线性各向同性硬化塑性模型，屈服应力为 862MPa，极限强度为 1100MPa。

为了提高计算速度，套管采用薄壁壳单元（S4R）进行模拟，这是 Abaqus 内置的适合模拟各类薄壁结构的单元，计算精度高、速度快。套管与地层之间的连接方式通过嵌入单元技术的方法简化处理，以提高计算速度和模型的收敛性。

嵌入单元技术用于指定单元或单元集合嵌入到"宿主"单元中（我们这里的宿主就是地层）。例如，可以使用嵌入技术来建模钢筋。Abaqus 搜索嵌入单元的节点和宿主单元之间的几何关系。如果嵌入单元的节点位于主体单元内，则消除节点处的平移自由度和孔隙压力自由度，节点变为"嵌入节点"。嵌入节点的平移自由度和孔隙压力自由度受主体元素的相应自由度的约束。嵌入单元允许有旋转自由度，但这些旋转自由度不受嵌入的约束。此外，Abaqus 允许同时定义多个嵌入单元。

上述方法通过编写自定义单元 VUEL 与商业软件 ABAQUS 建立接口，实现以 ABAQUS 为计算平台进行水力压裂的高效模拟。具体的程序计算和处理流程如图 4.1 所示。

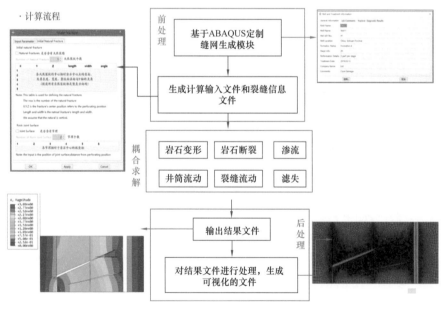

图 4.1　程序的流程图

4.1.2 软件界面

软件的主界面如图 4.2 所示，点击图中红色箭头标出的按钮，可以进入软件的第一个输入参数主界面，随后的几个输入参数界面可以分别点击每个界面下方的"下一步"进入，参数全部输入完成后，点击第四个主界面的"确定"按钮，程序会自动提交计算。

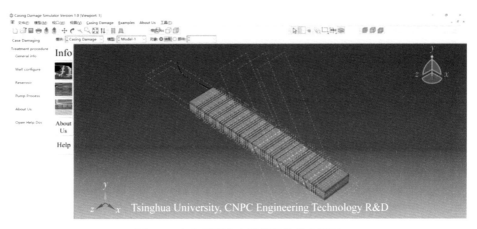

图 4.2 水力压裂套变模拟软件的主界面

软件的界面主要由四个主界面组成，每个主界面是在上一个界面中完成输入参数，点击"下一步"后弹出的。第一主界面包含了通用的作业信息和现场信息；第二主界面包含了井筒信息；第三主界面包含了地层信息和天然裂缝的信息；第四主界面包含了泵注程序，如图 4.3～图 4.6 所示：

Well and Treatment Information		✕
General Information	Job Comments	Fracture Diagnostic Results

Feild Name*:	Field–1
Well Name*:	Well–1
Well API No.*:	#1
Well Location*:	China，Sichuan Province
Formation Name*:	Formation A
Stage Info*:	20
Performation Details*:	3 perf per stage
Treatment Date*:	2020.03.18
Company Name*:	Ltd
Comments*:	Case Damage

继续...   取消

图 4.3 软件第一主界面

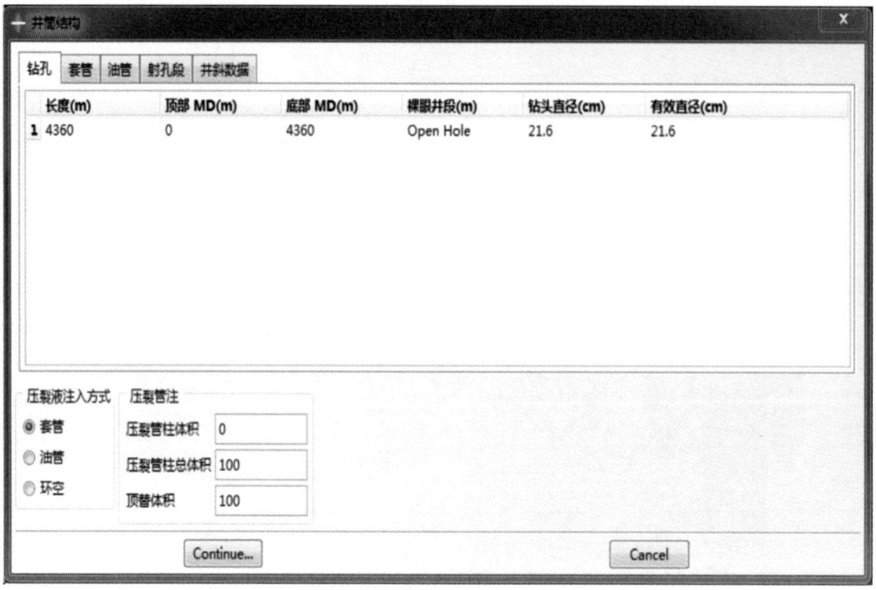

图 4.4　软件第二主界面

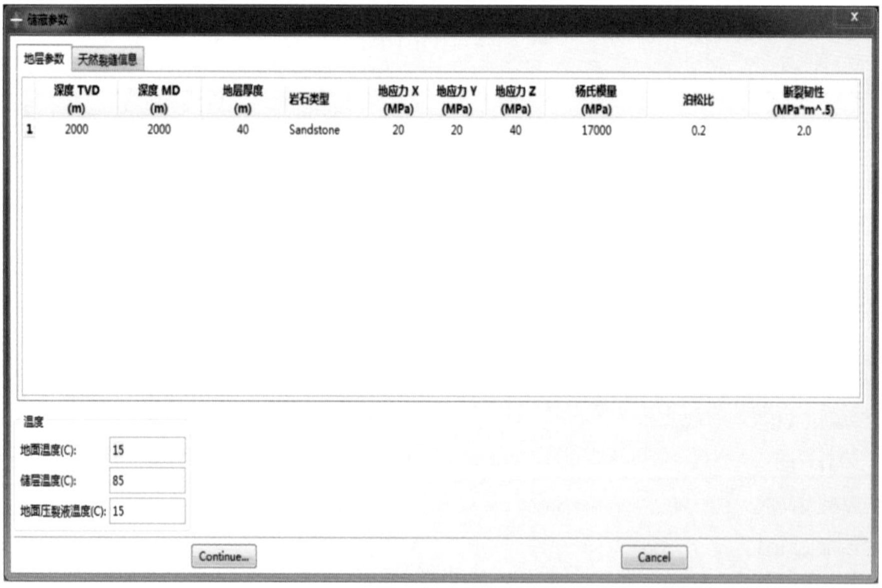

图 4.5　软件第三主界面

使用软件时，先进入第一主界面，输入通用作业信息，包括要进行的作业名称，现场的一些信息。这些输入的信息不影响计算过程和计算结果，只是方便使用人员记录。输入完成后，点击"下一步"即可进入井筒信息的输入。

根据实际施工的井筒，输入井筒的各个参数，软件可以建立出井筒。软件计算考虑了流体在井筒内的流动，所以不同的井筒长度、井筒直径和流体性质，会得到不同的井底压力。钻井的参数界面的主要输入参数有钻井长度、井两端的位置坐标、钻孔类型、井眼直

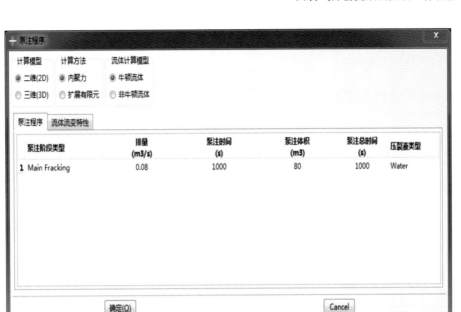

图 4.6　软件第四主界面

径和井眼的有效直径。套管界面的主要输入参数有套管的长度、套管两端的位置坐标、套管类型、套管的线密度、套管外径、套管内径和套管的钢材类型。井斜数据界面的主要输入参数为井的倾斜角和转向角以及井的走向。射孔界面的主要输入参数为射孔簇两端的位置坐标、射孔直径、射孔数，孔眼磨损系数、射孔的 y 坐标，并且可以输入多行，每一行代表一个射孔簇，射孔簇的位置由射孔簇两端的位置坐标决定，如果模拟一个压裂段内的多簇射孔压裂，在这里需要输入每一簇的信息。

　　输入完井筒的信息后，点击"下一步"进入地层信息和天然裂缝信息的输入界面。在地层信息界面中，输入地层的参数，这里可以输入多行数据，每一行代表一个地层，从而可以模拟地下多层的情况，数据包括每层的起始和结束的高度、层的厚度、该层的岩石类型、三个方向的地应力、该层的岩石模量、泊松比和断裂韧性。在天然裂缝信息界面中，每一行可以输入一条天然裂缝，可以定位出天然裂缝的位置，确定其走向及大小，多行就可以输入多个天然裂缝。

　　输入完地层信息和天然裂缝信息后，点击"下一步"进入泵注程序界面。在泵注程序界面可以选择求解的方式，比如采用二维模型模拟，Cohesive 单元模拟裂缝等。然后输入具体的泵注流量和时间，这里可以输入多段泵注程序，模拟真实的水力压裂过程。在本界面中，可以自己输入压裂液的流变性质和黏性随温度的变化曲线，也可以选择牛顿流体和非牛顿流体。输入完成后，点击"确定"，软件即可自动提交计算。计算完成后，可以在Job 模块下点击"result"查看计算结果。

4.1.3　实例分析

　　预测套变风险位置，首先要统计模拟套变井水利压裂所需要的各种参数，以某页岩气井为例，对其储层地质特征中的岩石材料、三向地应力和天然裂缝特征参数进行统计，同时对套变 A 井压裂施工主要参数进行统计，如段间距、施工排量等（见表 4.1）。

表 4.1　套变 A 井基础资料

完钻井深（m）	4951	完钻层位	龙马溪组
施工层位	龙马溪组	最大井斜（°）	99.72
井底垂深（m）	3430	最大曲率（°）	7.86
完井时间	2020 年 9 月 28 日	完井方法	ϕ139.7mm 套管完井
入靶点（A 点）（m）	3730	出靶点（B 点）（m）	4951
人工井底（m）	4911.91	储层钻遇率（%）	87.9
水平段长（至人工井底）（m）	1221	地层温度（℃）	—
地层压力（MPa）	1.2～1.5		

储层段内发育的天然裂缝，在测深为 4386～4608m 处，判断为裂缝或断层的响应；在测深 3992m、4299m、4716m 处存在过井筒裂缝带，测深为 4387m、4421m、4446～4499m 处漏速大于 10m³/h，天然裂缝较为发育。基于最大曲率的蚂蚁追踪体如图 4.7 所示。

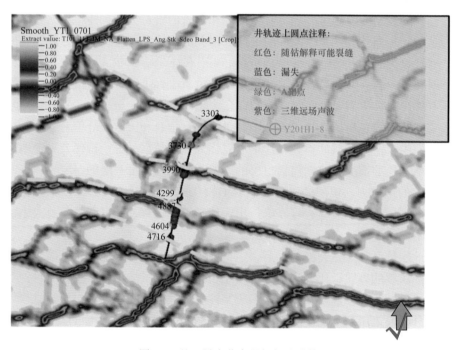

图 4.7　基于最大曲率的蚂蚁追踪体

压裂工艺采用成熟的电缆传输多簇射孔 + 可溶桥塞分段压裂工艺；主体采用变黏滑溜水工作液体系，大液量、大排量施工，支撑剂采用 70/140 目石英砂 +70/140 目陶粒 +40/70 目陶粒组合方式；平段长 1221m，有效压裂段长 1035.91m，共分 15 段，除首段外平均段长 71m，单段射孔簇为 7~9，主体施工排量为 16m³。

主要施工参数在软件输入如图 4.8 所示。根据套变 A 井的实际参数，获得储层的分层结构及岩石的性能参数，建立具有多个层位的储层地质模型。设置每一个地层的材料参数，如弹性模量和泊松比，确定材料的应变特点。同时，根据测井资料，将实际测得的页岩气储层三向地应力施加在建立好的储层模型上，将统计好的参数输入模型求解器，动态应力场模型计算自动进行解算。压裂段逐次注水展开压裂，由于压裂后裂缝扩张，人工裂分区域岩石强度产生弱化，在地应力作用下，天然裂缝处会产生微小滑移，逐段的地应力再平衡结果累积作用于套管产生变形现象。根据模型最终的计算结果，测量其套变位移量得到套变井的模拟预测结果。

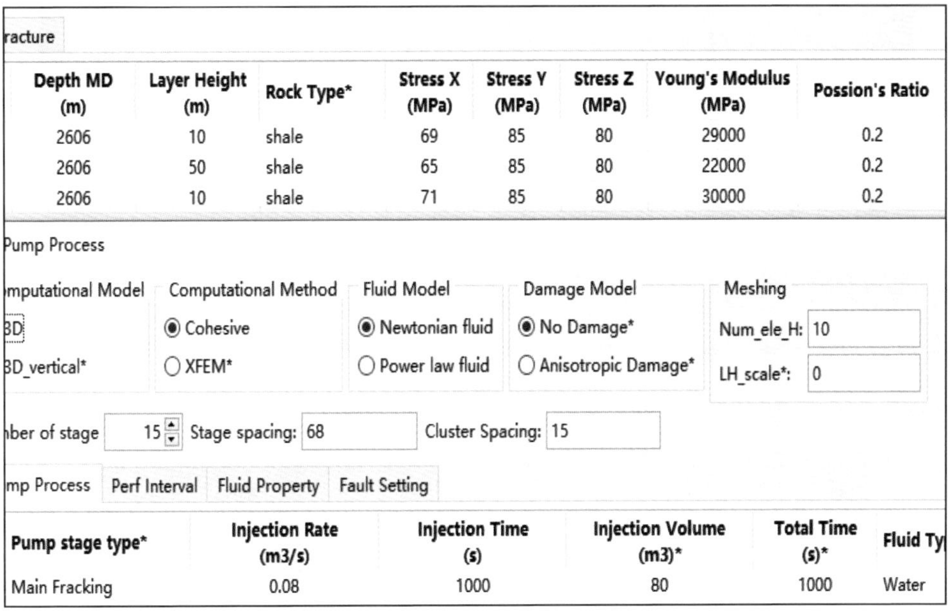

Depth MD (m)	Layer Height (m)	Rock Type*	Stress X (MPa)	Stress Y (MPa)	Stress Z (MPa)	Young's Modulus (MPa)	Possion's Ratio
2606	10	shale	69	85	80	29000	0.2
2606	50	shale	65	85	80	22000	0.2
2606	10	shale	71	85	80	30000	0.2

Pump Process

Computational Model	Computational Method	Fluid Model	Damage Model	Meshing
3D	⊙ Cohesive	⊙ Newtonian fluid	⊙ No Damage*	Num_ele_H: 10
3D_vertical*	○ XFEM*	○ Power law fluid	○ Anisotropic Damage*	LH_scale*: 0

Number of stage 15 | Stage spacing: 68 | Cluster Spacing: 15

Pump Process | Perf Interval | Fluid Property | Fault Setting

Pump stage type*	Injection Rate (m3/s)	Injection Time (s)	Injection Volume (m3)*	Total Time (s)*	Fluid Ty
Main Fracking	0.08	1000	80	1000	Water

图 4.8　套变 A 井主要施工参数

图 4.9 所示为压裂过后的天然裂缝，从图中可以明显看出，压裂施工使地层天然裂缝产生了明显的滑移。

截取天然裂缝位置的套管进行分析，通过放大图像，发现套管在天然裂缝处出现了明显的弯折现象，图 4.10 为压裂导致的天然裂缝滑移所造成的剪切套变效果。天然裂缝滑移剪切套管，套管随地层错动和裂缝滑移产生水平移动与径向变形，其中裂缝处变形明显（示意图放大 1000 倍）。综上所述，该段套管通过性和安全性受影响。

套管整体变形效果如图 4.11 所示。套变量如图 4.12 所示。该模型出现两处套变量较大的位置，其中套变点 1 位于 3985m 处，套变点 2 位于 4723m 处，两处套变都位于天然裂缝处。通过测量，套变点 1 的套变量为 12.63mm，套变点 2 的套变量为 11mm。

形成大型压裂过程套变模拟测试和评价建议：

（1）选择适中的施工排量，通过模拟结果可以得知施工排量越大套变位移也越大，应当适当降低施工排量来控制套变位移。但是，若过多降低施工排量，容易导致页岩气的产量降低。综合考虑提高产量和减少套变两个方面，分析排量、套变位移曲线图，发现12m³/min 的排量下套变增幅较小，因此建议选择适中的排量作为施工排量，减小套变的同时保持页岩气的高产量。

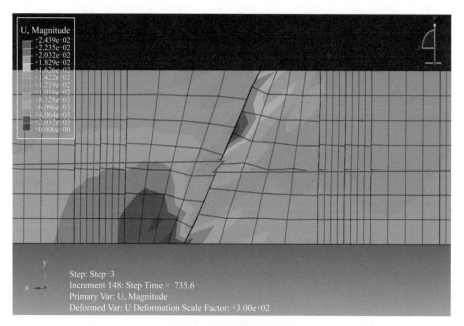

图 4.9　天然裂缝侧视图

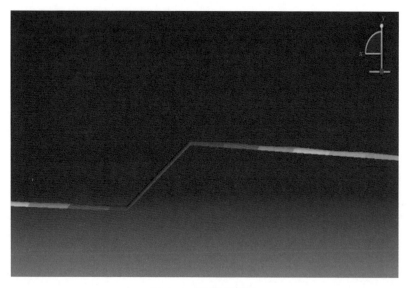

图 4.10　套管变形图

（2）适当扩大段间距，通过分析段间距、套变位移曲线图，得知射孔段间距越大套变位移越小。建议根据现场实际地层勘探情况，同时也根据页岩气产量的指标要求，适当增大射孔的段间距，从而减小页岩气井套变，实现稳定增产。

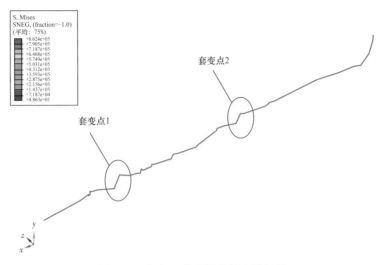

图 4.11　套变 A 井套管整体变形效果

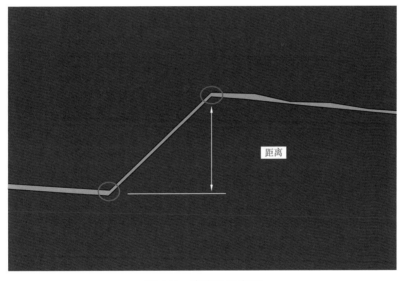

图 4.12　套变量示意图

4.2　页岩气井套变检测技术

套变检测主要是指测量套管的变形等状况，以此了解页岩气井下的工作状况，必要的情况下采取一定的调控措施，从而保证页岩气井的稳产，避免安全事故的发生，减少经济损失。目前国内外针对套管损伤的检测方式主要有机械井径仪检测、漏磁检测、电磁探伤、涡流检测、可见光 CCD 测井、超声波套变检测等。相对于其他检测方式，超声波套变检测方式是一种应用较为广泛的套变检测方式，其套变检测的原理为利用超声波反射进行检测。井下仪器在井内旋转扫描，并能发射和接收脉冲式超声波，一旦套管出现异常，回波信号的幅度和传播时间将受到很大影响。然后利用计算机处理成像，通过 2D 或者 3D 的方式显示套管的纵横界面图、时间图、幅度图及立体图，能对套管的内腐蚀、变形和错断进行直观反应。由于超声波套变检测相对于其他的套变检测方式有方向性好、穿透能力强、能反射、能量高、对人体无危害、遇到界面时折射和波形转换检测精度高、操作方便、同时超声波检测装置应用效果好等优点，故选择基于超声波原理的套变检测技术进行页岩气井套变检测。

4.2.1　超声波套变检测原理

超声换能器发出声波，遇到井壁后反射，仪器接收反射声波，测量反射声波的到达时间和最大幅度，并将其数字化，所有信息存储在井下存储短节。超声换能器在电动机的带动下，以恒定速率连续旋转扫描井壁，完全覆盖套管表面一周，经软件处理后形成井眼一周的幅度图和到时曲线，检查套管的损伤，判断其是否腐蚀或变形（见图 4.13）。

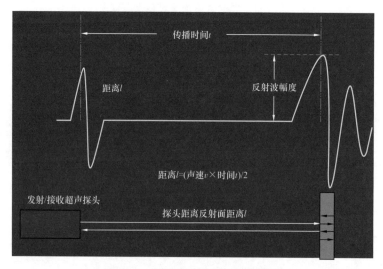

图 4.13　发射及回波信号测量原理

超声探头每转一圈，等间隔采集 315 个数据，根据套管内径计算圆周长，可以得出每个采样点之间的距离间隔，即仪器的周向分辨率。在旋转过程中，仪器上提形成套管内壁的螺旋扫描线。根据换能器每圈转速与仪器上提速度，可以计算出螺旋线间隔，即仪器的纵向分辨率（见图 4.14）。

4.2.2　超声波套变检测室内评价

研制的套变检测仪的总体方案主要分为电源及驱动控制短节、动力短节、电源及数据采集短节、扶正器短节和探头短节五大部分，总长约 5200mm。

套变检测仪如图 4.15 所示，探头驱动单元由机械本体、驱动电源与控制部分、驱动电动机与减速器组成，探头单元由电源及数据采集部分、扶正器和探头组成。在仪器到达指定深度时探头动力短节内的控制部分收到信号，给电动机供电带动电源及数据采集短节、扶正器短节及探头短节旋转，同时传感器开始工作，将传感器得到的测量信息存储在数据采集部分。待仪器下入到指定深度后控制部分再次收到信号，电动机断电并停止转动，随即传感器停止工作，完成对测试数据的采集，将工具收回之后再提取数据，对其进行分析。

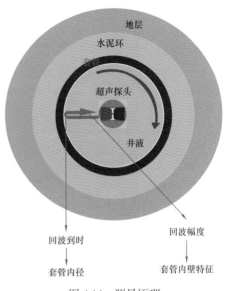

图 4.14　测量原理

4.2.2.1　超声波套变检测室内试验步骤

利用研制的超声波套变检测仪器对射孔孔眼套管和变形套管进行室内模拟试验，研究超声波套变检测仪器成像效果，为套变检测仪器下一步现场试验提供依据。利用外径为 139.7mm，内径为 114.3mm，壁厚为 12.7mm，长 8.8m 的套管进行试验。套管下部利用等孔径射孔方式进行螺旋射孔，射孔孔眼共 12 个。套管上部利用中石油管材研究所的非常规油气井管柱模拟试验系统进行挤压变形处理，挤压变形后内径为 90mm，挤压变形长度为 0.4m，射孔孔眼和挤压变形处理完成后将两段套管焊接组装成长 8.8m 的套管，将套管底部封死，并向套管内部灌满清水，模拟井下测量环境。同时将套管倾斜 10°，模拟井斜角 80° 水平井（见图 4.16）。

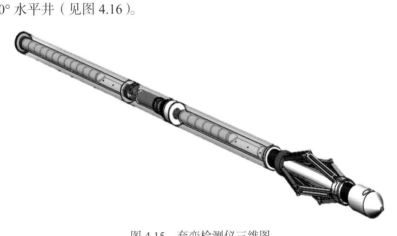

图 4.15　套变检测仪三维图

室内模拟试验步骤如下：

（1）对长 8.8m、外径为 139.7mm 且具有孔洞和挤压变形特征的套管底部运用加工的堵头进行密封，将套管内灌满清水，将套管与地面倾斜 10° 情况下固定进行试验。

（2）将超声波成像仪器按照存储式电池仓、数据存储与控制短节、电子仪短节、滚轮扶正器短节、声系短节进行连接，长度共 5.2m。

（3）接通电源，进行联调测试，确认仪器状态正常，配置仪器参数，开始进行试验。

（4）并将仪器放入井筒内，保持探头与井筒底面的高度差为 0.5m。

图 4.16　螺旋射孔套管和挤压变形套管

（5）用牵引绳以 1.2m/min 的恒定速度缓慢拉升仪器，过程中保持仪器居中，拉升 7m 之后停止拉升。

（6）仪器下放同步骤（5），并按照步骤（5）进行重复测量。

（7）将套管顺时针旋转 45°、90° 并进行重复测量。

（8）拆卸仪器，读取超声波套变检测数据，进行分析，形成三维柱面图像。

4.2.2.2　超声波套变检测室内试验结果分析

从图 4.17、表 4.2 可得出射孔孔眼的成像解释成果。通过超声波套变检测仪器对含 12 个螺旋射孔孔眼套管进行超声波检测，对射孔孔眼的大小特征进行精确测量，通过反射波幅度图（RAMP）和反射波到时图（ARADC）可以看出超声波套变检测仪器对射孔孔眼大小和位置特征有明显的反应，可清晰看到螺旋状排列的射孔，同时形成套管柱三维柱状图像，可以直观观察射孔孔眼特征。根据超声波套变检测成像原理可知，超声探头每转一圈，等间隔采集 315 个数据点，根据套管内径计算圆周长，得出每个数据点之间的距离间隔，试验所用套管外径为 139.7mm，内径为 114.3mm，内壁周长为 359.1mm，套管内部近似为圆形，圆周上每个点间隔为 1.14mm。因此，计算得到 12 个射孔孔眼的直径，射孔孔眼解释结果如表所示，12 个射孔孔眼直径在 5～8.7mm 之间，与实际孔眼直径误差低于 5%。综上所述，通过超声波套变检测仪器可以对油气井套管射孔孔眼进行高精度的检测成像。

如图 4.18 所示为变形套管成像解释成果，通过对变形套管测井曲线解释对变形套管的变形程度和变形方位进行精确测量。首先通过套管椭圆度曲线（OVAL）可以看出在挤压变形位置椭圆度明显增大 40%，其次通过套管内径最大值和最小值曲线也可以看出挤压变形位置两条曲线对应两极扩展，套管内径最大值为 145mm，套管内径最小值为 90mm。通过井眼内径二维曲线（ARAD）可以看出，套管规则位置处套管内径二维曲线为圆

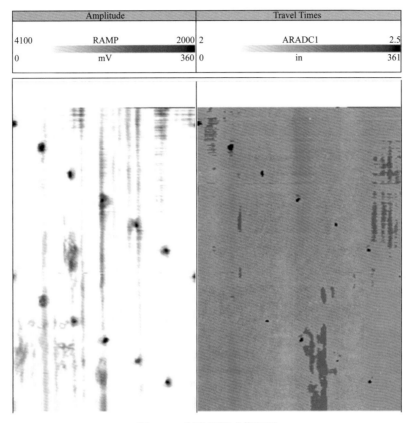

图 4.17　射孔孔眼成像解释

表 4.2　射孔孔眼解释结果

序号	深度（m）	测量孔眼直径（mm）	实际孔眼直径（mm）	角度差（°）
1	0.035	8.2	8	—
2	0.098	8.7	8	56.0
3	0.168	6.2	6	55.5
4	0.238	6.2	6	62.4
5	0.305	5.0	5	66.5
6	0.373	6.2	6	56.9
7	0.441	6.2	6	60.1
8	0.500	6.2	6	61.2
9	0.560	6.2	6	61.2
10	0.610	7.4	7	60.2
11	0.667	5.7	6	63.5
12	0.722	6.2	6	55.6

形，挤压变形位置处则变为椭圆状。最后通过回波幅度曲线（RAMP）和回波到时曲线（ARADC）可以看出，挤压变形位置曲线呈现波峰波谷交替出现的情况，结合椭圆内超声波反射原理可以看出椭圆长轴和短轴处回波幅度和到时基本最大，随着角度变化，超声波遇到套管壁面发生散射，回波幅度和回波到时逐渐变小，出现了挤压变形位置回波幅度曲线和回波到时曲线呈现峰值交替出现的现象。通过以上 4 类测井曲线的分析，明确了超声波套变检测仪器可以对变形套管的变形程度进行精确评价，变形后套管内径最小值为 90mm。

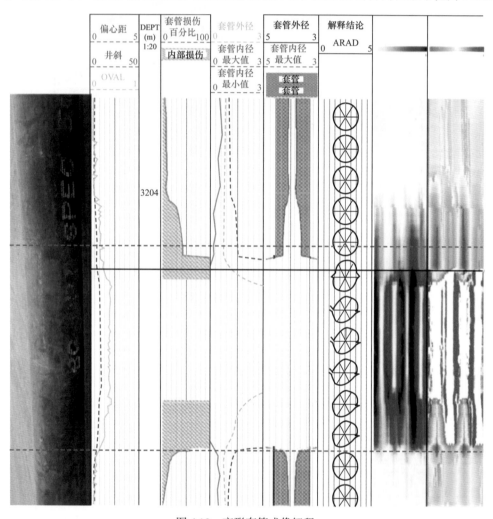

图 4.18　变形套管成像解释

超声波套变检测仪器存储与控制短节中带有重力加速度计，具备高边方位测量功能。通过井眼内径二维曲线（ARAD）可以看出，红色线条代表套管的高边方位，椭圆的短轴代表套管受挤压的方向，故明确超声波套变检测仪器可以对变形套管的变形方位进行精确评价，套管受挤压变形的方位为 105°。

可得出以下研究结果：

（1）研制了超声波套变形态检测仪器，利用该仪器对不同套变状况的套管进行检测。

试验结果表明该仪器在可对射孔孔眼和变形套管进行检测，仪器声波幅度、声波到时图像和三维柱状图像稳定可靠，打造了套变形态精准检测能力，为仪器井下作业奠定了良好基础。

（2）该仪器对射孔套管进行了精准检测，对射孔孔眼的大小、位置、角度等信息进行精准解释，针对外径为 139.7mm，内径为 114.3mm，壁厚为 12.7mm 射孔孔眼套管检测精度可以达到 1.14mm，测量误差低于 5%。

（3）该仪器对变形套管进行了精准检测，对变形套管的变形程度、方位信息进行精准解释，针对外径为 139.7mm，内径为 114.3mm，壁厚为 12.7mm 套管，通过四种解释结果得到套管最小内径为 90mm，挤压变形的方位为 105°。

4.2.3 页岩气井套变检测评价

针对页岩气井形成超声波套变检测工艺技术流程（以 5 拌生产套管井为例）。

（1）检查井筒：利用 ϕ73mm 连接器 +ϕ73mm 马达头 +ϕ73mm 震击器 +ϕ73mm 螺杆钻 +Φ90mm 磨鞋进行钻磨桥塞作业。

（2）通井作业：使用 90mm 磨鞋通井至 3300m，确保井眼畅通，并利用 ϕ73mm 连接器 +ϕ73mm 马达头 +ϕ76mm 通井工具组合进行通井作业，通井下至 4189m。

（3）仪器连接：仪器组装，连续油管连接短节 + 电池短节 + 数据存储与控制短节 + 电子仪短节 +3 个弹片扶正器 + 声系短节，长度 5.2m。

（4）仪器串功能验证：使用 AXP 软件对电子仪短节进行授时，验证定时开关电源功能正常，并设置电源开启、关闭参数，验证完毕断开连接。

（5）井口安装：安装防喷管、防喷器等、井口转换法兰装备，并做设备功能测试；用吊车牵引连续油管穿过注入头，并吊注入头至井口安装；安装连续油管连接短节，将连接好的仪器串吊装，确认各短节之间连接牢靠，记录安装开始时间。

（6）仪器下放：开启井口阀，下入连续油管，在井口进行深度对零；初始下放速度小于 5m/min、直井段下放速度不超过 25m/min、造斜段下放速度不超过 10m/min；到达 3364m 后在设置的井下电源开启时间开始测井。

（7）仪器主测段测井：保存时深文件数据，同时连油以 3m/min 的速度开始下放至 4188m，完成主测段测井，记录主测段时间。

（8）仪器重复段测井：连油以 3m/min 的速度开始上提至 3350m，完成重复段测井；重复段测量完成后，继续上提直至电源关闭停止主测段时深文件记录，并记录重复段时间。

（9）仪器上提：上提连续油管，水平段和造斜段速度不超过 10m/min；直井段速度不超过 25m/min；至井口 50m 时速度不超过 3m/min；确认连续油管起至防喷管内，关闭阀门，确认起出后，关闭井口阀门，并进行泄压，记录上提时间。

（10）结束测井：仪器到达井口后，拆卸仪器，连接数据读取箱体和电子仪，及时保存数据，并将测井数据尽快解释，确定是否合格。

（11）拆卸设备装车：数据合格后按照与安装相反的顺序拆卸连续油管作业设备，拆卸完成后恢复井口，并将设备装车。

超声波套变检测数据解释如图 4.19 所示。

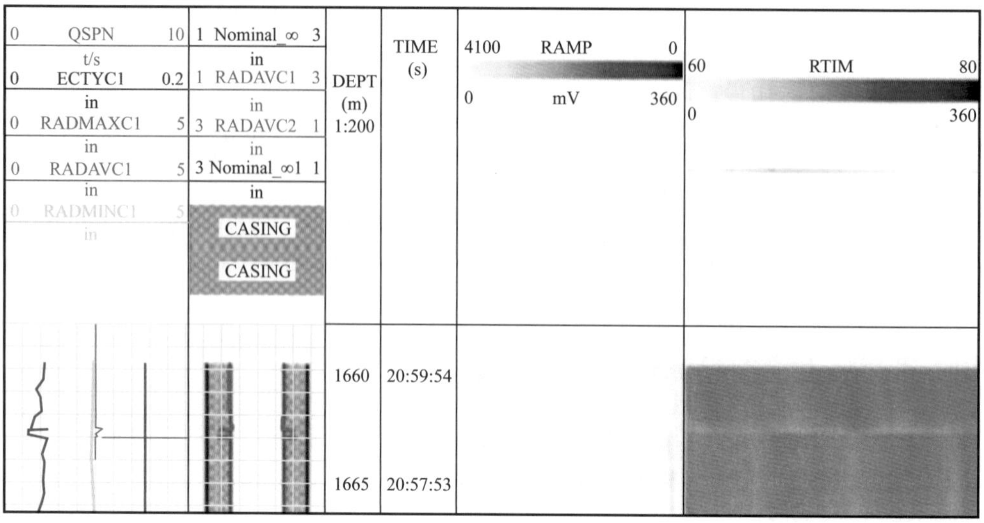

0　QSPN　10	1 Nominal_∞ 3		TIME	4100　RAMP　0		60　RTIM　80
t/s	in		(s)	0　mV　360		0　360
0　ECTYC1　0.2	1 RADAVC1 3	DEPT				
in	in	(m)				
0　RADMAXC1　5	3 RADAVC2 1	1:200				
in	in					
0　RADAVC1　5	3 Nominal_∞1 1					
in	in					
0　RADMINC1　5	CASING					
in	CASING					
		1660	20:59:54			
		1665	20:57:53			

图 4.19　超声波套变检测数据解释

（1）QSPN：换能器转速曲线，显示换能器在井下转动快慢，曲线范围 0~10r/s。

（2）ECTY1：仪器偏心数据，即仪器圆心距离井眼圆心的距离，曲线范围 0~0.2in。

（3）RADMAXC1：最大井径，套管内壁的最大半径值，曲线范围 0~5in。

（4）RADAVC1：平均井径，套管内壁的平均半径值，曲线范围 0~5in。

（5）RADMINC1：最小井径，套管内壁的最小半径值，曲线范围 0~5in。

（6）Nominal-OD：名义井径，输入的套管标称外径值（半径），曲线范围 1~3in。

（7）CASING：根据名义井径与最大井径显示的套管形状截面图，表示最大内壁损失，左右对称。

（8）DEPT：深度，对应的井深数据，曲线单位 m，比例尺 1：200。

（9）TIME：时间，对应的测井时间。

（10）RAMP：反射波幅度图，套管内壁一圈反射波幅度成像图（每圈 315 点，360° 平均分布），幅度体现套管内壁表面特征（均一、部分腐蚀、孔洞等），颜色浅代表反射面质地硬且光滑，颜色深代表反射面不光滑，曲线单位 mV 为信号电压值。

（11）RTIM：反射波到时图，套管内壁一圈反射波到时成像图，到时体现套管内壁井径、套变、腐蚀等形状特征。颜色浅代表到时短，颜色深代表到时长，曲线单位为 μS。

针对川南 A 区块某井开展超声波套变检测，该井已完钻并完成固井。压裂前通井发现该井存在套管变形并进行检测评价。对 3364~3435m 套变井段进行了测量，对套变位置的变形数据进行解释（见图 4.20）。

3373.6~3375m 井段：套管形变，套管形变压缩点在 RB 约 150° 方向，压缩量约为 1.1in。通过井眼内径二维曲线、声波幅度、声波到时曲线对套变位置的变形情况进行分析，可以看出套变段长度 1.2m 左右，套变的方位是 150°（从井眼高边逆时针旋转 150°），变形井段内径最小值为 86.4mm（见图 4.21、图 4.22）。

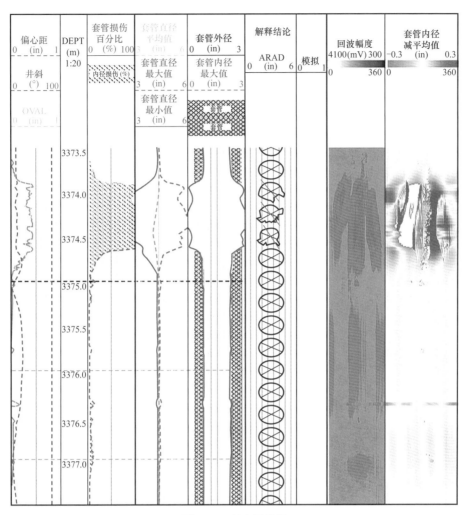

图 4.20　套变评价图

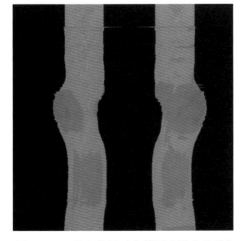

图 4.21　三维立体图（套管严重形变井段）

图 4.22　三维立体图（正常套管井段）

4.3 页岩气井套变控制技术

4.3.1 套变控制工具原理

针对我国页岩气储层压裂改造过程中套管变形难题，开展套管变形控制技术攻关研究，形成了关键工具及配套工艺技术，研制的套管位移补偿工具，在页岩气井下管柱、压裂及生产过程中能够有效补偿管柱承受的轴向拉伸载荷，用于缓解地层沿层理面滑移的轴向力，有效控制套管变形（见图 4.23）。

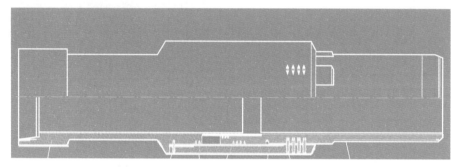

图 4.23　套变控制器设计装配图

套变控制工具可通过剪切销钉数量、材质变化便捷地调整工具的动作阈值，轴向补偿距离设计为 ±100mm，工具与 $5\frac{1}{2}$in 套管等通径，且内径变化量小，不影响固井胶塞等工具通过性。采用一体式上接头、防转导向装置和耐高温密封材料，保证工具可靠性和密封性，具体参数如下：

- 规格：适用于 $5\frac{1}{2}$in 套管（外径 ϕ139.7mm，壁厚 12.7mm）；
- 主体材质：42CrMo；
- 最大外径：ϕ183mm；
- 最小内径：ϕ114.3mm；
- 工具长度：2330mm；
- 补偿距离：±100mm；
- 上、下端连接螺纹：TP-G2（HC）/BGT2 气密扣；
- 控制器动作阈值：初始 200tf（可根据实际需求调整）；
- 耐温：不小于 180℃；
- 抗扭强度：不小于 20000N·m；
- 抗拉强度：不小于 375tf。

采用安全剪钉连接内、外管，通过剪切销钉的参数变化（直径、数量、材质等）来调整控制器的动作阈值，结构简单可靠。安全销钉材质采用 45# 钢，在外管下端均匀布置 24 枚（6 个 ×4 圈）安全销钉，设计销钉剪断阈值为 200tf，可根据实际工况需要进行便捷调整（见图 4.24）。

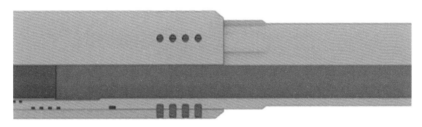

图 4.24 销钉装配图

套变控制器的轴向补偿距离为 ±100mm。工具初始状态下的总长度为 2330mm，在 ±100mm 极限位置下的长度分别为 2230mm 和 2430mm。工具内径设计为 ϕ114.3mm，不影响后续其他测试作业。同时，在保证工具整体使用性能不低于 125V 钢级套管的前提下，工具的设计外径被控制在 ϕ183mm（见图 4.25）。

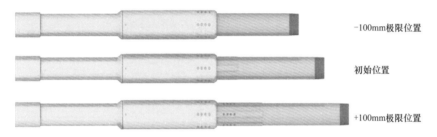

-100mm极限位置

初始位置

+100mm极限位置

图 4.25 套变控制器极限状态

套变控制器外管和下接头设计了防转导向装置。下接头外壁上设计有宽 32mm× 长 465mm 的 6 条导向筋均匀布置，外管内壁上对应设计相应尺寸配合的导向槽。当工具超过设计阈值被激活后，外管与下接头之间只能进行轴向相对移动，一方面保证了管串上其他井下工具的动作可靠性，另一方面能够减少工具伸缩动作时产生的摩擦力对密封材料的磨损，从而提高工具的整体密封可靠性和耐用性（见图 4.26）。

图 4.26 套变控制器外管和下接头配合状态

轴向拉伸极限位置（+100mm）限位：外管内壁上设计的均布导向筋与下接头外表面导向筋配合，起到防止其相对转动、传递扭矩的作用。在下接头被拉伸到设计极限位置（+100mm）时，外管与下接头导向筋端面台阶面接触，从而实现限位、防拉脱的目的（见图 4.27）。

设计采用高品质耐高温的氟橡胶材料加挡圈密封，长效可靠耐温可达 200℃ 以上（见图 4.28）。

图 4.27　外管内部状态

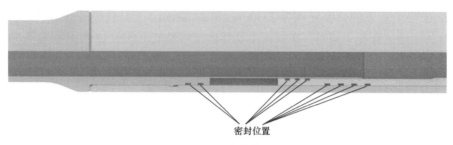

密封位置

图 4.28　密封位置

4.3.2　套变控制工具室内试验

针对研制的工具开展室内试验，验证工具设计参数的功能性、安全性、可靠性，为入井试验奠定基础。

（1）动作阈值测试：通过设计专用测试工装，测试工具被激活（即安全销钉全部剪断）时的动作阈值，设计值为 200tf（可根据实际需求调整）。

（2）耐温、耐压测试：将工具在 190℃ 环境下放置 12h，12h 后将工具内部打压至 140MPa 并稳压 1h，要求压降小于 0.5MPa 为合格。

（3）抗扭强度测试：地面测试套变控制器工具的整体抗扭强度，设计值为≥20000N·m。

（4）整体抗拉强度测试：测试套变控制器工具在安全剪钉剪断后的整体抗拉强度，设计值为≥375tf。

（5）性能计算校核：其他性能参数通过强度计算进行校核，要求不低于 125V 钢级 ϕ139.7～12.7mm 壁厚套管的使用性能。

具体性能指标见表 4.3、表 4.4。可以看出套变控制工具实际测试高于设计值，并且测试结果显示工具本身性能指标高于套管本身的性能指标。

4.3.3　套变控制工具现场试验

将套变控制器工具在深层页岩气区块某井进行现场应用。该井为水平井，完钻井深 5330m，生产套管 5.5in，钢级 TP125SG，壁厚 12.7mm，扣型 TP-G2，下深 5316m，管串组合：浮鞋 + 短套管 1 根 + 套管 1 根 + 浮箍 +2 根套管 + 浮箍 +67 根套管 + 短套管 1 根 +

套变控制器 + 套管。套变控制器下深 4520m，该处有两条弱蚂蚁体，一条北东向 20°，一条北东向 120°，为地质上预测的套变风险位置。因此，在压裂过程中，将工具下入该位置能有效控制套管变形，该井井深结构如图 4.29 所示。

表 4.3　工具性能指标测试结果

性能指标	设计值	测试值
耐温	≥180℃	190℃
整体耐压	≥105MPa	140MPa
剪钉预设值	200tf	207.2tf
抗扭强度	≥20000N·m	20000N·m
抗拉强度	≥375tf	376.7tf

表 4.4　工具与套管性能对比

性能指标	5$\frac{1}{2}$in 套管	工具上接头	工具外管	工具下接头
外径	139.7mm	139.7mm	183mm	152mm
壁厚	12.7mm	12.7mm	15.5mm	15.9mm
材质	TP125SG	42CrMo	42CrMo	42CrMo
抗内压强度	137.2MPa	140MPa	140MPa	140MPa
材质屈服强度	862MPa	930MPa	930MPa	930MPa

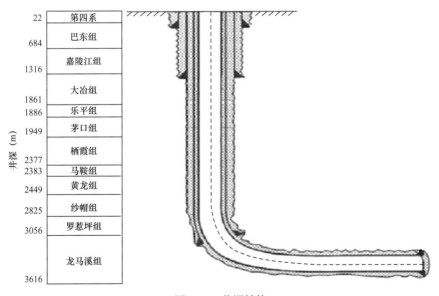

图 4.29　井深结构

套变控制器入井过程中技术套管内采用套管钳下套管，出技术套管前安装旋转下套管设备，进行旋转下套管。下入过程中套管串下入顺利，后续进行固井施工，固井过程施工顺利，碰压 40MPa，稳压 30min，试压合格，套变控制器按照施工方案进行顺利施工，工具实物图如图 4.30 所示。

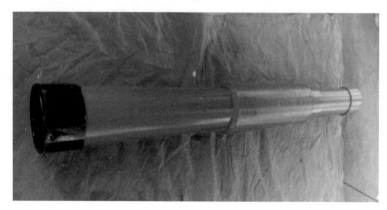

图 4.30 工具实物图

在压裂至第三段过程中压力出现明显下降，高能量微地震事件点压力的突然下降明显指示了水力裂缝连通了天然裂缝带（见图 4.31），天然裂缝带走向与最大水平主应力方向呈 60° 夹角。

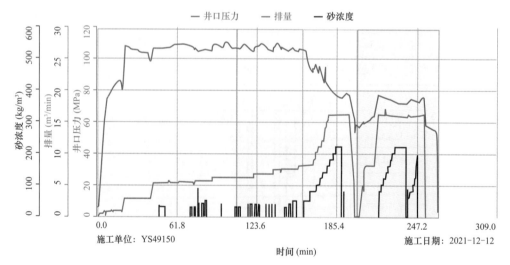

图 4.31 压裂第三段施工曲线

后续进行第四段桥塞泵送及通洗井过程中发现套管变形。利用多臂井径测井对套变井段进行检测，检测结果显示在 4461.00～4501.80m 段存在连续的 4 处变形损伤，变形长度均小于 10m，变形量最大 6.92mm，连续的套管损伤会影响桥塞的通过能力。在 4517.60～4519.88m 井段长度为 2280mm，检测结果显示异常，结果如图 4.32 所示：

（1）4517.60～4518.46m 段平均内径值为 112.90mm 左右，长度为 860mm。

（2）4518.46～4518.54m 段整个圆周偏大，1/3 圆弧偏大异常明显，测量最小内径值为 134.79mm，最大内径值为 160.94mm，长度为 80mm。

（3）4518.58～4518.97m 段平均内径值为 120.30mm 左右，长度为 390mm。

（4）4518.97～4519.88m 段平均内径值为 112.90mm 左右，长度为 910mm。

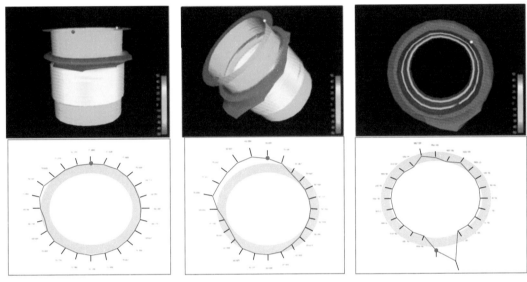

图 4.32　套变控制工具检测结果

结合多臂井径测量结果及完井数据进行综合分析（见图 4.33），通过套管下深数据确定套变控制器位置为 4517.52～4519.73m，长度为 2210mm；通过多臂井径测量确定套变控制器位置为 4517.60～4519.88m，长度为 2280mm；综合以上两组数据及工具有效长度 2217mm，判定工具销钉被剪断，工具被激活起作用，拉伸位移量为 70mm，未达设计极限位置。分析认为在长时间连续油管、工具、粉砂、陶粒的冲刷下，工具衬板（板厚为 3mm）被冲蚀磨损，工具内部最大直径为 152.1mm，与多臂井径测量结果 160.94mm 接

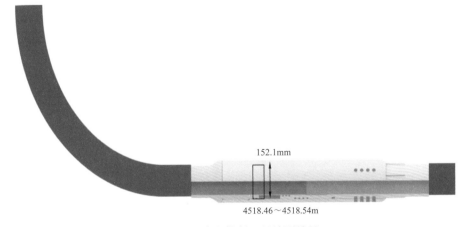

152.1mm

4518.46～4518.54m

图 4.33　套变控制工具检测结果

近。因此，按照上述分析结果，工具受到拉剪作用（应力＞207.2tf）被激活，进行了轴向拉伸，作用力方向为南向，验证了 4518.5m 位置为套变风险点。通过压裂施工过程分析，套变产生于第三段压裂过程中，结合第三段压裂过程中蚂蚁体、微地震等异常情况进行综合分析，明确了在第三段压裂过程中连通了远处的裂缝带，裂缝带激活后造成套变情况的发生。

参考文献

［1］龙胜祥，卢婷，李倩文，等.论中国页岩气"十四五"发展思路与目录［J］.天然气工业，2021，41（10）：1-10.

［2］铁木辛柯.弹性稳定理论［M］.张福范，译.北京：科学出版社，1985：58-63.

［3］郝俊芳，龚伟安.套管强度计算与设计［M］.北京：石油工业出版社，1987：41-47.

［4］Pattillo P D. How Amocoslved Casing Design Problems in the Gulf Suez［J］.Petroleum Engineer，1981，12：86-113.

［5］Dusseault M B，Bruno M S，Barrera J. Casing Shear：Causes，Cases，Cures［C］.SPE 72060，2001.

［6］Pattillo P D，Last N C，Asbill W T. Effect of Nonuniform Stressing on Conventional Casing Collapse Resistance［C］.SPE 79871，2004.

［7］Daneshy A A.Impact of Off-Balance Fracturing on Borehole Stability and Casing Failure［C］. SPE 93620，2005.

［8］Last N，Mujica S，Pattillo P. Casing Deformation in a Tectonic Setting：Evaluation，Impact and Management［C］.SPE 74560，2006.

［9］Ewy R T，Bovberg C A，Stankovic R J. Strength Anisotropy of Mudstones and Shales［J］.Circulation，2010，27（27）：44-50.

［10］Sugden C，Johnson J，Chambers M. Special Considerations in the Design Optimization of the Production Casing in High-Rate［C］.SPE 151470，2012.

［11］Shen Z，Ling K. Maintaining Horizontal Well Stability Dusheath Shale Gas Development［C］.SPE 164037，2013.

［12］King G E，Valencia R L.Well Integrity for Fracturing and Re-Fracturing：What Is Needed and Why？［C］.SPE Hydraulic Fracturing Technology Conference.2016.

［13］饶富培，付建红，张智，等.非均匀套管磨损对套管强度的影响［J］.天然气工业，2009，29（8）：63-65.

［14］李军，柳贡慧.非均匀地应力条件下磨损位置对套管应力的影响研究［J］.天然气工业，2006，26（7）：77-78.

［15］崔孝秉，曹玲，张宏，等.注蒸汽热采井套管损坏机理研究［J］.石油大学学报（自然科学版），1997，21（3）：57-64.

［16］李文飞，李玄烨，夏文安.腐蚀套管剩余强度数值模拟分析［J］.天然气与石油，2013，31（6）：70-75.

［17］Shen Xinpu，Guoyang Shen，William Standifird. Numerical Estimation of Upper Bound of Injection Pressure Window with Casing Integrity under Hydraulic Fracturing［C］.ARMA-2016-704，2016.

［18］彭泉霖，何世明，章景城，等.水泥环缺陷对套管强度影响研究现状及展望［J］.钻采工艺，2015，38（4）：35-37.

［19］范明涛，柳贡慧，李军，等.页岩气井温压耦合下固井质量对套管应力的影响［J］.石油机械，2016，44（8）：1-5.

［20］袁进平，于永金，刘硕琼，等.威远区块页岩气水平井固井技术难点及其对策［J］.天然气工业，2016，36（3）：55-62.

［21］刘奎，高德利，王宴滨，等.局部载荷对页岩气井套管变形的影响［J］.天然气工业，2016，11（12）：

76-82.

[22] 董文涛，申思远，付利.体积压裂套管失效分析［J］.石化技术，2016，8（11）：156-157.

[23] 席岩，李军，柳贡慧，等.页岩储层各向异性对套管应力影响敏感性研究［J］.特种油气藏，2016，23（6）：128-132.

[24] 韩家新，曾顺鹏，张相泉，等.水平井分段压裂多簇裂缝对套管受力的影响分析［J］.重庆科技学院学报（自然科学版），2016，18（4）：97-100.

[25] 金其虎，张平，徐刚，等.基于曲率属性的套变特征分析与对策.

[26] 张平，何昀宾，刘子平，等.页岩气水平井套管的剪压变形试验与套变预防实践［J］.天然气工业，2021，41（5）：8.

[27] 童亨茂，张平，张宏祥，等.页岩气水平井开发套管变形的地质力学机理及其防治对策［J］.天然气工业，2021，41（1）：9.

[28] 梁天成，付海峰，刘云志，等.水力压裂裂缝扩展声发射破裂机制判定方法研究［J］.实验力学，2019，34（2）：7.